A FÍSICA E OS SUPER-HERÓIS
VOLUME 1

Editora Appris Ltda.
1.ª Edição - Copyright© 2023 dos autores
Direitos de Edição Reservados à Editora Appris Ltda.

Nenhuma parte desta obra poderá ser utilizada indevidamente, sem estar de acordo com a Lei nº 9.610/98. Se incorreções forem encontradas, serão de exclusiva responsabilidade de seus organizadores. Foi realizado o Depósito Legal na Fundação Biblioteca Nacional, de acordo com as Leis nos 10.994, de 14/12/2004, e 12.192, de 14/01/2010.

Catalogação na Fonte
Elaborado por: Josefina A. S. Guedes
Bibliotecária CRB 9/870

C672f
2023
	Coelho, Ronei
	    A física e os super-heróis ; Volume 1 / Ronei Coelho. – 1. ed. –
	Curitiba : Appris, 2023.
	        126 p. ; 23 cm. – (Ensino de ciências).
	
	    Inclui referências.
	    ISBN 978-65-250-4745-4
	
	    1. Ciência – Estudo e ensino. 2. Super-heróis. 3. Educação.
	I. Título. II. Série.
	
	    CDD – 507.1

Livro de acordo com a normalização técnica da ABNT

Appris editora

Editora e Livraria Appris Ltda.
Av. Manoel Ribas, 2265 – Mercês
Curitiba/PR – CEP: 80810-002
Tel. (41) 3156 - 4731
www.editoraappris.com.br

Printed in Brazil
Impresso no Brasil

Ronei Coelho

A FÍSICA E OS SUPER-HERÓIS
VOLUME 1

FICHA TÉCNICA

EDITORIAL Augusto Vidal de Andrade Coelho
Sara C. de Andrade Coelho

COMITÊ EDITORIAL Marli Caetano
Andréa Barbosa Gouveia (UFPR)
Jacques de Lima Ferreira (UP)
Marilda Aparecida Behrens (PUCPR)
Ana El Achkar (UNIVERSO/RJ)
Conrado Moreira Mendes (PUC-MG)
Eliete Correia dos Santos (UEPB)
Fabiano Santos (UERJ/IESP)
Francinete Fernandes de Sousa (UEPB)
Francisco Carlos Duarte (PUCPR)
Francisco de Assis (Fiam-Faam, SP, Brasil)
Juliana Reichert Assunção Tonelli (UEL)
Maria Aparecida Barbosa (USP)
Maria Helena Zamora (PUC-Rio)
Maria Margarida de Andrade (Umack)
Roque Ismael da Costa Güllich (UFFS)
Toni Reis (UFPR)
Valdomiro de Oliveira (UFPR)
Valério Brusamolin (IFPR)

SUPERVISOR DA PRODUÇÃO Renata Cristina Lopes Miccelli

ASSESSORIA E PRODUÇÃO EDITORIAL Nicolas Alves

REVISÃO Cristiana Leal

DIAGRAMAÇÃO Luciano Popadiuk

CAPA Louhano Carlo e Lívia Weyl

Este livro é dedicado aos meus pais, sr. Altamir e sra. Maurília, à minha esposa, Fernanda, e a todos os profissionais de educação.

AGRADECIMENTOS

Agradeço a todos que se disponibilizaram em ler partes do livro e deram suas opiniões para a melhoria da obra. Pelos esclarecimentos em Biologia, agradeço aos professores: mestre Jonas Wendling, também pelas contribuições ao texto, e ao doutor Gregório Kappaun, também pelo aceite em prefaciar o livro. Agradeço à professora Márcia Moresco por se disponibilizar para revisão do texto e por estar sempre disposta à elucidação de questionamentos inerentes à língua portuguesa. Agradeço à desenhista Letícia Machado pelas artes que ilustram as páginas desta obra.

PREFÁCIO

Caro leitor,

Quem nunca fez o seguinte questionamento: seria mesmo possível a existência de um super-herói?

Se você é, assim como eu, pouco entendido do universo dos super-heróis e não é um físico brilhante, este livro abrirá sua cabeça e o fará mergulhar em um mundo de questionamentos e explicações nunca pensadas. Agora, se você é um fã incondicional do universo dos super-heróis e/ou da Física, prepare-se para deliciar-se nas próximas páginas!

Ao receber o livro, confesso que esperava encontrar discussões e explicações breves e resumidas, porém, logo de cara, percebi que não é o estilo do autor, um professor de Física que se atreveu a escrever um livro sobre super-heróis e desvendar cientificamente seus poderes. As explicações são detalhadas e embasadas, mas são fáceis de entender, principalmente por conta das ilustrações e citações de experimentos já realizados, que tornam todo o processo dinâmico e envolvente. Mesmo que você não domine a matemática, será capaz de acompanhar todo o raciocínio.

Além disso, há inúmeras referências a filmes e quadrinhos que aguçam nossa imaginação e, por muitas vezes, nos instigam a rever algumas das cenas descritas.

Há sempre um resumo — muito útil, por sinal — sobre o surgimento de cada super-herói, com citações de seus criadores, datas, quadrinhos e filmes de lançamento. É notável a variedade de poderes e situações testadas, sempre com uma riqueza de detalhes científicos e exemplos do cotidiano para comparação. Não tenha dúvida de que esta leitura alimentará acaloradas discussões com seus amigos sobre seus heróis favoritos.

Na visão de um professor, há muito o que se apreciar nesta obra. Logo nas primeiras páginas, já me transbordam à mente as possibilidades de trabalhos e discussões sobre estes textos e me desperta uma tentadora vontade de usar inúmeros exemplos nas minhas aulas. Ver explicações científicas para eventos surpreendentes é algo que sempre causa curiosidade, fascínio e até mesmo espanto. Tudo isso pode ser sentido nesta coleção sendo aplicado com um só objetivo: entender os superpoderes por meio da ciência! Buracos de minhocas e a teoria da relatividade, o sensor aranha, o magnetismo de Magneto... ver as leis da Física aplicadas nesses tópicos não tão corriqueiros é, de fato, um deleite para os professores e amantes das ciências.

Será mesmo possível achar explicações físicas para tantos poderes? Haverá explicações para pelo menos algum? Qual será o super-herói mais plausível fisicamente? Essas respostas você terá nas próximas páginas. E não se preocupe, seu herói favorito continuará sendo ainda mais admirado!

Tenha certeza de que, após se debruçar sobre este livro, você nunca mais assistirá a filmes de super-heróis como antes. Agora, você terá o olhar de um físico!

Uma excelente leitura!

Gregório Kappaun Rocha
Biólogo (UENF) e doutor em Ciências pelo
Laboratório Nacional de Computação Científica (LNCC).
Professor do Instituto Federal Fluminense.

APRESENTAÇÃO

Ao apreciar textos acadêmicos ou reportagens que abordam personagens da cultura popular por uma ótica das ciências naturais, é comum encontrar uma visão conservadora. Partindo do conhecimento científico, esses escritos fazem uma crítica aos poderes manifestados pelos super-heróis, desatendendo-os como mera obra de ficção. Muitos criticam, até mesmo, seus criadores ou os roteiristas de suas histórias, acusando-os de não possuírem um conhecimento científico básico ao transgredirem as leis da natureza por intermédio da realização de proezas por esses personagens. Utilizam-se, por exemplo, da Física para afirmar que o Superman não pode voar ou emitir feixes de raios x; falam da impossibilidade física para que o Flash corresse em altíssimas velocidades e que a Mulher Invisível não pode ficar invisível se princípios físicos fossem respeitados. Ainda utilizam-se da Biologia para afirmar a inviabilidade da existência do Hulk ou do Homem-Aranha. Mas qual fascínio esses personagens nos provocariam sem suas habilidades? São admirados, justamente, porque podem realizar feitos que nós, limitados pelos princípios da Física, Química e Biologia, não podemos. Superman se tornou um dos personagens mais populares do mundo, pois, entre outras coisas, pode realizar algo que desperta o encanto e é um dos desejos que, possivelmente, acompanha o início de nossa civilização, que é a capacidade de voar. Adverso a essa abordagem, o objetivo deste livro é falar de Ciências, em especial da Física, a partir dos poderes dos super-heróis. Discutir de que forma a Física enseja tais habilidades ou o que esses personagens deveriam possuir para que elas se manifestassem.

A Física e os super-heróis foi escrito pensando tanto no leitor que possui interesse em Ciências ou é fã da cultura pop como nos colegas professores. Por conta disso, procurei abordar os conceitos científicos de forma simples e concisa, porém não menos aprofundados. Sou professor de Física do ensino médio desde 2005. Acredito que todos esses anos dedicados ao ensino para esse público desenvolveram em mim a aptidão de abordar temas complexos de formas simples, e é isso que procurei realizar neste livro. Porém, se ainda assim, algum leitor não muito familiarizado ficar preso em algum conceito específico, não se desespere. Continue em seu ritmo de leitura, pois mais adiante as ideias poderão lhe ficar esclarecidas. Se assim não for, dê uma pausa, reflita e retorne a leitura que os esclarecimentos poderão surgir. A Matemática é uma ferramenta essencial para o ensino da Física, desse modo não se pode deixar de recorrer a ela, tão necessária para complementar os estudos dos fenômenos físicos. Como muitos não são inclinados aos cálculos, esses, sempre que necessários ao texto, foram desenvolvidos à parte em boxes que são muito úteis àqueles que queiram se aprofundar um pouco mais no desenvolvimento matemático e no tema abordado. Contudo, se esse não for seu caso, poderá pulá-los sem prejuízo algum, pois, sempre após os boxes, são retomados e discutidos no texto os resultados alcançados.

Nas últimas décadas, o ensino escolar vem sendo criticado por conta de uma admissível baixa de qualidade. Isso tem levado os estudantes a terminar o ensino médio sem estarem preparados para o mercado de trabalho, para a universidade e para a vida. É natural que o ensino de Ciências reflita esse aspecto da educação brasileira. Devido ao pouco interesse dos estudantes pelas aulas tradicionais, muito se tem repensado o ambiente escolar para que seja um espaço que, além de trazer o conhecimento acumulado nas últimas décadas, atenda aos interesses e anseios dos jovens do século XXI. Em relação ao ensino de Ciências, um dos recursos muito difundido ao problema exposto é o da experimentação. Além desse, o professor de ciências, em especial o de Física, pode dispor de outras ferramentas em suas aulas para despertar o interesse dos estudantes pelo conteúdo apresentado. Acredito que nesse ponto esta obra poderá trazer uma contribuição ao ser utilizada como uma alternativa ao material didático. Os textos podem ser usados pelo professor que não somente se empenha em encontrar maneiras de descrever fenômenos complexos em termos mais simples para atingir a atenção de seus estudantes, como também procura uma alternativa para deixar suas aulas mais atrativas. Acredito que a abordagem da Física, a partir da análise dos poderes dos super-heróis, proporciona uma aproximação da ciência com a cultura dos jovens. Isso poderá facilitar uma possível conexão feita pelos estudantes entre os conceitos físicos e os poderes dos super-heróis, propiciando um ensino mais efetivo. Também traz o formalismo escolar para o mundo cotidiano dos estudantes de forma lúdica, contribuindo para o processo de ensino-aprendizagem. Ao analisar os poderes dos personagens a partir de uma perspectiva da ciência, procurei, sempre que possível, utilizar como exemplo cenas de filmes de super-heróis produzidos ou a elas fazer uma referência. Um dos propósitos é facilitar sua utilização em sala de aula, aproveitando o significativo interesse que esses longas-metragens despertam nos jovens.

O livro também vem dar sua contribuição à educação científica, tão importante em uma sociedade tecnológica, na qual não basta apenas saber ler e escrever, para ser um "cidadão tecnológico", é essencial ser letrado em ciências. É o letramento científico que dará ao cidadão o conhecimento necessário para que participe de forma ativa e consciente em questões científicas e tecnológicas na sociedade moderna. A educação científica pode ser realizada ao relacionar conceitos científicos ao cotidiano, seja ele tecnológico ou não (aqui o termo cidadão tecnológico não está relacionado àquele que consome tecnologia de ponta, mas ao cidadão inserido na moderna sociedade tecnológica, sem entrar na discussão de seu acesso aos bens de consumo).

O embrião da presente obra surgiu, em meados de 2020, durante o início do ensino remoto, que fez parte das medidas de isolamento social necessárias ao enfrentamento do SARS-CoV-2. Acreditando em uma breve normalidade do retorno do ensino presencial, comecei a preparar uma aula que falaria de alguns conceitos da Física a partir dos poderes de alguns super-heróis. Conforme me aprofundava no tema, deparei-me com uma rica discussão, surgindo a idealização de escrever um livro. Algumas das ideias aqui apresentadas fluem em fóruns de debates acalorados sobre o que os heróis podem ou não fazer por uma ótica científica. Outras foram abordadas em reportagens e outros tipos de texto e aqui estão sendo aprofundadas.

Para quem não é familiar aos personagens aqui apresentados, a cada início de capítulo, é feito um breve relato sobre suas origens e de seus poderes. É muito comum haver diversas versões sobre como se originou um personagem ou suas habilidades, que podem variar no decorrer das décadas ou pelo meio artístico em que a história é contada. Assim, é comum as origens dos personagens relatados pelas histórias em quadrinhos, desenhos animados e longas-metragens divergirem entre si. Aqui foi dada primazia aos relatos contidos nos quadrinhos. Na análise das habilidades dos super-heróis, sempre que possível, como já dito, são utilizadas cenas de filmes como uma alternativa ao uso do material pelos professores em sala de aula. Os capítulos são desenvolvidos em torno de tópicos que abordam uma habilidade específica do herói ou um conceito científico importante para a compreensão de seus poderes.

Este livro não é uma obra acabada, mas em construção. Apreciaria muito receber correções que sejam concernentes aos personagens ou aos conceitos científicos, comentários, novas ideias, sugestões, em relação tanto à parte científica como pedagógica, identificações de erros no texto, tudo que possa ser usado para o aperfeiçoamento da obra. Será de grande utilidade, também, receber relatos dos colegas professores sobre a utilização do material em suas aulas. Qualquer contribuição pode ser enviada para o e-mail: roneicoelho@yahoo.com.br.

Ronei Coelho
Editor

SUMÁRIO

CAPÍTULO 1

SUPERMAN 17

1.1 Ponte aérea Krypton–Terra 18

1.2 A Dilatação gravitacional do tempo 25

1.3 Pegando um atalho 26

1.4 O supersalto 28

CAPÍTULO 2

FLASH 37

2.1 Correr na "modesta" velocidade do som 37

2.2 Outros problemas ao correr na velocidade do som ... 40

2.3 A velocidade de escape, uma viagem sem volta ... 42

2.4 Sobre a velocidade da luz 44

2.5 A dilatação do tempo 46

2.6 E = m.c2 50

2.7 Massa infinita 51

2.8 Energia infinita 55

2.9 Um supercampo gravitacional à sua volta 56

2.10 Uma bomba à velocidade da luz 58

2.11 Quando um ato de salvar pode ser uma catástrofe ... 61

2.12 A habilidade de escalar paredes correndo 63

2.13 Correr sobre águas 65

CAPÍTULO 3

HOMEM-ARANHA 69

3.1 Poderia uma "frágil" teia de aranha ser uma arma poderosa? ... 70

3.2 Escalando paredes 71

3.3 O sensor aranha 72

3.4 Sua teia poderia parar um trem desgovernado? ... 74

3.5 A morte de Stacy 78

3.6 A força g 84

'3.7 Projetando-se como em um estilingue 86

3.8 A mudança no sentido do movimento ao balançar entre os prédios ... 89

CAPÍTULO 4
MULHER INVISÍVEL 91
4.1 Tornando-se invisível 92
4.2 A transparência..94
4.3 Sendo contornada pela luz 98
4.4 Controlando a luz 101
4.5 Teletransportando a luz 101
4.6 Cegueira temporária 102
4.7 Sendo detectada pelas ondas de calor....................................103

CAPÍTULO 5
CHAPOLIN... 105
5.1 Antenas de vinil detectando a presença do inimigo......................106
5.2 Comunicando-se pelas anteninhas de vinil...............................107
5.3 As pílulas de nanicolina 110
5.4 Teletransportando-se no espaço e no tempo..............................111
5.5 A corneta paralisadora 114
5.6 A corneta paralisadora e a teoria das cordas...........................118

REFERÊNCIAS.. 123

CAPÍTULO 1

SUPERMAN

Superman tem sua criação creditada a dois desenhistas, o canadense Joe Shuster (1914-1992) e o estadunidense Jerry Siegel (1914-1996). Apareceu oficialmente, pela primeira vez, na *Action Comics*[1] *#1*, em 1938, como protagonista de uma história, apresentado ao público logo na capa da revista. Trata-se de um alienígena nascido em Krypton, filho do cientista Jor-El e de Lara Lor-Van, que recebeu o nome de Kal-El. Jor-El havia descoberto que o núcleo de Krypton estava passando por uma instabilidade e que isso levaria à explosão do planeta. Não tendo seus alertas ouvidos pelas autoridades kryptonianas sobre o eminente cataclisma, Jor-El decidiu salvar sua família. Assim, construiu uma nave para retirá-los do planeta, mas, com a iminente destruição, teve tempo de livrar apenas o bebê Kal-El, enviando-o em direção a Terra. Em algumas versões da história, Rao, a estrela orbitada por Krypton, é a responsável pela destruição. No longa *Superman* (1978), a explosão da estrela, uma supergigante vermelha, aniquila o planeta. Já em *Superman - O Retorno* (*Superman Returns*, 2006), Rao sofre um colapso gravitacional, tornando-se uma supernova após uma violenta explosão, o que extermina Krypton.

O que teria levado à escolha do planeta Terra por Jor-El para enviar seu filho foi à existência do Sol amarelo. Os kryptonianos podem metabolizar sua energia, e isso lhes garantiria alguns de seus superpoderes. Além disso, pelo fato de a Terra possuir uma gravidade menor que a de Krypton, o bebê teria uma força física que os terráqueos não possuem.[2] Ao chegar ao nosso planeta, a nave cai como um meteoro na cidade de Smallville. Kal-El é encontrado pelo casal de fazendeiros Jonathan e Martha Kent, que logo resolvem adotá-lo dando-lhe o nome de Clark Kent. Conforme crescia, Clark foi descobrindo que tinha habilidades que outros humanos

---

[1] Originalmente, a Action Comics era formada por histórias protagonizadas por diversos personagens. Com a crescente popularização do Superman, que refletia no aumento do número de vendas, o Homem de Aço passou a ocupar um espaço cada vez maior na revista.

[2] Em Superman: The Movie é revelado por Jor-El que os poderes de Kal-El aqui na Terra seriam originários por sua "estrutura molecular densa e por nossa atmosfera", que provavelmente aos kryptonianos se apresentaria rica em nutrientes.

não tinham e foi sendo instruído pelo casal Kent a utilizá-las para o bem. O jovem resolveu manter seus superpoderes em segredo e criou a identidade secreta do Superman. Passou a combater o crime na cidade de Metrópolis, adotando como disfarce um tímido e desajeitado jornalista do *Planeta Diário*. Dentre alguns de seus poderes, o Homem de Aço possui invulnerabilidade, capacidade de voar, visões de raios-X e de calor, supersopro, sopro de ar congelante e superaudição. Nas próximas seções, serão analisadas algumas dessas habilidades e verificada a física que corrobora os poderes desse que é um dos personagens mais populares do planeta Terra.

1.1 Ponte Aérea Krypton–Terra

Em nosso cotidiano, são utilizadas habitualmente algumas unidades de medida, como centímetros, metros e quilômetros. Os astrônomos, ao olharem os corpos celestes e compará-los, lidam com distâncias tão grandes que não há na Terra nada que possa dar referência para ter noção de quanto afastados os corpos estão uns dos outros. O Sol está a uma distância média da Terra de aproximadamente 150 milhões de quilômetros. Alpha Centauri é um sistema estelar que fica relativamente próximo da Terra. Ele é formado por três estrelas, a Alpha Centauri A e B e a Próxima Centauri, uma anã vermelha. Pela distância que está da Terra, esse sistema de estrelas aparece no céu noturno como uma única estrela, que fica bem próxima do Cruzeiro do Sul. A Próxima Centauri recebeu esse nome, pois é a estrela mais próxima do Sistema Solar. O espaço que nos separa é de mais de 40 trilhões de quilômetros. Por lidar com distâncias tão grandes assim, os astrônomos não utilizam as unidades de medidas de nosso cotidiano. Para mensurar a distância entre corpos celestes, criaram unidades de medidas particulares. Uma dessas é chamada de Unidade Astronômica (UA), que tem como referência a distância entre o Sol e a Terra (150 milhões de quilômetros), assim a Terra está a uma UA do Sol. Mercúrio é o planeta mais próximo do Sol, está a 0,39 UA de distância, e Netuno é o mais distante, a 30 UA do Sol.

Para lidar com distâncias ainda maiores, os astrônomos trabalham com outra unidade de medida, o ano-luz, que é a distância que a luz percorre em um ano. A velocidade da luz no vácuo é de aproximadamente 300.000 km/s, isso significa que a cada segundo ela percorre 300 mil quilômetros. Em um ano, percorrerá quase 10 trilhões de quilômetros, esse é o valor de um ano-luz. Então, diz-se que a Próxima Centauri está a quatro anos-luz de distância da Terra. Em 2018, os astrônomos fotografaram Ícaro, a estrela mais distante já registrada até então, a 5 milhões de anos-luz.[3] Utilizando essa unidade para os corpos do Sistema Solar, o Sol está a oito minutos-luz da Terra, e a Lua, apenas a um segundo-luz. Isso quer dizer que a luz solar leva oitos minutos para atingir a Terra, já a luz refletida pela Lua leva apenas um segundo para chegar ao nosso planeta.

Um dos veículos espaciais mais rápidos produzidos pela tecnologia é a sonda Voyager 1, que pode atingir velocidades próximas a 77,3 km/s (278.280 km/h) ou 0,0257% da velocidade da luz. Ela foi lançada, em 1977, com destino a Júpiter e Saturno. Ao cumprir sua missão, a nave continuou sua trajetória e agora está em direção ao espaço profundo. Hoje se encontra muito próxima dos limites da área de influência do Sol, a algumas dezenas de bilhões de quilômetros da terra, viajando a 17 km/s (cerca de 60.000 km/h). Partindo da Terra, se Voyager voasse com a máxima velocidade que pode atingir em direção à Próxima Centauri, levaria mais de 16 mil anos para chegar até nossa estrela vizinha.

A DC Comics nunca ofereceu uma localização precisa de Krypton. Segundo alguns registros, o planeta estaria entre 28 e 50 anos-luz de distância ou, até mesmo, a centenas ou milhares de anos-luz. Na edição da *Action Comics vol. 2 #14*, lançada em janeiro de 2013, nos Estados Unidos, é apresentada a história "Star Light, Star Bright" (pode ser traduzido como "Brilha, brilha estrelinha"), na qual é revelado que Superman realiza viagens regulares ao Planetário Hayden, no Museu Americano de História Natural em Nova Iorque. O planetário é dirigido por ninguém menos que Neil deGrasse Tyson[4], que se compromete a ajudar Superman a encontrar a real localização de seu planeta natal. A história apresenta o próprio Tyson explicando ao super-herói sobre Krypton e revelando sua localização exata, que seria a 27,1 anos-luz da Terra, na região sul da constelação de Corvus. A essa distância, se Superman fosse enviado para o planeta Terra em uma nave tão rápida quanto Voyager 1, levaria mais de cem mil anos para chegar por aqui.

Os kryptonianos são descritos como mais evoluídos cientificamente que os terráqueos. Para realizarem voos espaciais a partir de seu planeta,

---

[3] Informação retirada da reportagem "Como é Ícaro, a estrela mais distante já fotografada", no site da *BBC Brasil*. Disponível em: https://www.bbc.com/portuguese/geral-43642755. Acesso em: 28 jan. 2023.

[4] Neil deGrasse Tyson é um astrofísico e escritor estadunidense, notabilizou-se ao apresentar o programa Cosmos: Uma Odisseia do Espaço-Tempo (Cosmos: A Spacetime Odyssey), remake da clássica série Cosmos, apresentado por Carl Sagan nos anos 1990.

teriam que construir naves com um sistema de propulsão extremamente potente para superar a enorme atração gravitacional[5] de Krypton e irem em direção ao espaço. Suponha-se que, além de criar naves com motores propulsores muitíssimos possantes, fossem capazes de criar algo que pudesse viajar com velocidade próxima à da luz.[6] O tempo para chegarem aqui seria reduzido para algo em torno de 27 anos, tempo demais para um bebê ficar em uma nave e, ao fim da viagem, continuar bebê, certo? Vejamos. Uma das mudanças que a Teoria da Relatividade trouxe foi a maneira como se define o tempo, e isso não é uma tarefa tão fácil. De acordo com a física clássica, o tempo seria uma flecha de sucessivos acontecimentos que ocorreriam do passado em direção ao futuro. Para o físico inglês Isaac Newton (1642-1727), o tempo não dependia do espaço nem da matéria sendo, portanto, absoluto e imutável, transcorrendo sempre da mesma forma. Em sua obra *Princípios Matemáticos da Filosofia Natural*, considerada uma das mais influentes da história da ciência, ele afirma: "O tempo absoluto, verdadeiro e matemático, por si mesmo e da sua própria natureza, flui uniformemente sem relação com qualquer coisa externa e é também chamado de duração; [...]".[7]

Com a mecânica newtoniana, a natureza passou a ser determinística. Com a visão do tempo e do espaço como algo absoluto, foi possível conhecer exatamente qualquer comportamento futuro de um determinado sistema. Isso marcou profundamente a ciência e a sociedade da época. Quando propôs a Teoria da Relatividade Geral, em 1915, o físico alemão Albert Einstein (1879-1955) afirmou que o tempo não é algo absoluto como se imaginava. Segundo o cientista, o tempo pode transcorrer de forma diferente sob certas condições, e uma dessas é a velocidade dos corpos que fazem sua mediação. Em relação a ela, o tempo flui cada vez mais lento conforme a velocidade for cada vez maior. Einstein trouxe uma nova visão sobre o tempo (assim como a de espaço), na qual este passou de imutável e absoluto para algo em que diferentes observadores, em diferentes referenciais, podem medir diferentes passagens temporais para um mesmo fenômeno.

A Teoria da Relatividade nos fez abandonar a vivência em um espaço tridimensional, dividido em comprimento, largura e altura, para um Universo

---

[5] No tópico "Poderes na gravidade da Terra" no capítulo destinado ao Superman, em *A Física e os super-heróis Vol. 2*, será especulado que a aceleração da gravidade em Krypton seria próxima de 4.360 m/s², 436 vezes maior do que a gravidade terrestre.

[6] A Teoria da Relatividade e a possibilidade da locomoção com velocidade próxima à da luz, assim como suas consequências, são abordadas no capítulo destinado ao Flash.

[7] NEWTON, I. *Principia*: princípios matemáticos de filosofia natural - Vol. I. Tradução de Trieste Ricci *et al.* São Paulo: Nova Stella: EDUSP, 1990. p. 6.

quadridimensional, sendo o tempo uma dimensão que complementa o espaço. Esse sistema de coordenadas, em que se tem o espaço tridimensional e o tempo como o quarto sistema de coordenadas, é chamado de "espaço-tempo". Assim, quando algo, ou alguém, se move no espaço, não está apenas mudando sua posição nas três dimensões em relação a um referencial, mas também está se movendo na quarta dimensão que é o tempo, ou seja, move-se no espaço-tempo. Quando um observador se move no espaço-tempo, ou esse movimento é realizado pela ocorrência de um evento por ele observado, a medida do tempo deixa de ser algo absoluto e passa a variar de acordo com o referencial adotado.

A Teoria da Relatividade previu que o tempo passa mais devagar para relógios que se deslocam em relação a um referencial inercial. Quanto maior for a velocidade, mais lenta será a forma com que o tempo fluirá. Se um objeto encontra-se em repouso no espaço em relação a um referencial, ele está parado nesse espaço, mas se movendo na dimensão do tempo. Quando ele deixa seu estado de repouso, passa a mover-se no espaço-tempo. Conforme aumenta sua velocidade, movendo-se cada vez mais rápido, move-se cada vez mais nas dimensões do espaço e cada vez menos na dimensão do tempo. Esse fenômeno é chamado de "dilatação do tempo" e já foi comprovado experimentalmente utilizando relógios atômicos, que podem detectar variações do tempo na ordem de nanossegundos. Esse experimento foi conduzido, em 1971, pelo físico estadunidense Joseph Hafele (1933-2014) e seu compatriota o astrônomo Richard Keating (1941-2006). Os cientistas embarcaram relógios atômicos em um avião e deixaram outros relógios idênticos na Terra, que marcavam o tempo a partir do Observatório Naval dos Estados Unidos. Após um tempo considerável de viagem, o avião retornou à hora determinada, e foi comparada a hora marcada nos relógios a bordo com os que estavam em repouso no observatório. O resultado comprovou o que a relatividade previa: os relógios que estavam em movimento voltaram atrasados em relação aos que estavam em repouso. O tempo passou mais lento para a tripulação que estava a bordo do avião.[8] Porém, essa variação de tempo é tão pequena em velocidades do cotidiano, que são praticamente despercebidas, tanto pelos sentidos quanto pelo organismo.

---

[8] Os efeitos da dilação do tempo são sentidos, e comprovados, por um determinado tipo de partículas chamadas múons, que se formam a partir da interação de raios cósmicos vindos do Sol com as moléculas de gases presentes na atmosfera. Para saber como, veja o tópico "A corneta paralisadora", no capítulo destinado ao Chapolin Colorado.

Quando se leva em consideração velocidades excepcionalmente altas, como próximas à velocidade da luz, essa diferença temporal se torna expressiva. É possível medi-la utilizando o seguinte cálculo, que relaciona a dilatação do tempo com a velocidade:

$$\Delta t = \frac{\Delta t_0}{\sqrt{1 - \dfrac{v^2}{c^2}}}$$

Na equação, têm-se:

$\Delta t_0 \rightarrow$ tempo medido pelo observador em movimento;

$\Delta t \rightarrow$ tempo medido pelo observador em repouso (aquele que observa o evento);

$v \rightarrow$ velocidade do observador em movimento;

$c \rightarrow$ velocidade da luz.

Analisando a equação da dilatação do tempo, conclui-se que, se a velocidade v com a qual o corpo se movimenta for muito menor que a velocidade com a qual a luz se desloca (v << c), os intervalos de tempo ΔT e T_0 serão praticamente iguais. Com isso, em nosso cotidiano, não se perceberão os efeitos da dilatação do tempo, pois, com essas velocidades muito menores que a velocidade da luz, seus efeitos relativísticos serão desprezíveis.

Para exemplificar a dilatação do tempo, faremos um exercício de imaginação. Suponha que um astronauta chamado João, de 30 anos, partiu para uma missão espacial a bordo de uma nave com velocidade próxima à da luz, de 240.000 km/s. Nada construído pelo homem consegue atingir uma velocidade tão alta assim. Foi visto que a sonda Voyager pode viajar a 17 km/s, isso em condições excepcionais. Suponha que a missão esteja programada para durar dez anos, e, após medir esse intervalo de tempo a bordo de sua nave, João deveria retornar de sua viagem. Movendo-se com uma velocidade próxima à da luz, esse astronauta sofrerá os efeitos da dilatação do tempo. Para ele o tempo teria passado de forma mais lenta em relação ao tempo medido pelos observadores na Terra. Pela equação da dilatação do tempo, é possível saber quantos anos se passaram para João a partir do nosso referencial (Quadro 1.1). O leitor que não é simpático aos cálculos pode pular os quadros em que esses são desenvolvidos, visto que será apresentado um resumo dos resultados alçados posteriormente.

Quadro 1.1

Na equação da dilatação do tempo, ΔT_0 representa os dez anos medidos pelo astronauta João, e o v, a velocidade de 240.000 km/s com a qual sua nave se desloca. Fazendo as substituições, tem-se:

$$\Delta t = \frac{10}{\sqrt{1 - \frac{(240.000)^2}{(300.000)^2}}} = 16\,anos$$

Se a velocidade da nave com a qual João de desloca for maior, maiores serão os efeitos da dilação do tempo. Veja o tempo medido se sua velocidade fosse de 280.000 km/s:

$$\Delta t = \frac{10}{\sqrt{1 - \frac{(280.000)^2}{(300.000)^2}}} = 28\,anos$$

De acordo com a equação da dilatação do tempo, João teria marcado em seu relógio os dez anos de viagem, mas na Terra ter-se-iam passado 16 anos. Se da Terra fosse possível observar o astronauta dentro de sua nave, seria visto tudo ocorrendo em câmera lenta, seus movimentos, um objeto caindo, ou seja, tudo passaria mais devagar. O mesmo ocorreria na perspectiva de João ao observar os acontecimentos aqui na Terra. Suponha que João tenha partido para sua missão com 30 anos de idade e tenha um irmão gêmeo. Quando retornasse à Terra, ele estaria com a aparência de um homem de 40 anos, e seu irmão teria 46 anos. Quanto mais próximo João estivesse da velocidade da luz, maiores seriam os efeitos da dilatação temporal. Se o astronauta acelerasse sua nave para 280.000 km/s, os dez anos por ele marcado resultariam em 28 anos passados aqui na Terra. João teria a aparência de um homem de 40 anos, e seu irmão gêmeo teria 58 anos de idade. Se João estivesse ficado dez anos no espaço (tempo contado por um observador aqui na Terra), em uma velocidade muito próxima à da luz, diga-se a 99,9% (0,999c), para ele teriam se passado apenas alguns minutos. Ele retornaria da missão com praticamente a mesma aparência, com seu irmão dez anos mais velho. Essa situação é chamada de Paradoxo dos

Gêmeos (Figura 1.1), um experimento mental proposto pelo físico francês Paul Langevin (1872-1946) como uma tentativa de apresentar argumentos contrários à Teoria da Relatividade.

Os kryptonianos poderiam ter desenvolvido uma tecnologia suficiente para enviar o bebê Kal-El em direção à Terra em uma nave viajando muito próximo à velocidade da luz. Dessa forma, seria possível o jovem Superman ter chegado aqui ainda bebê de sua viagem de Krypton, sem se importar o tempo que a viajem tenha durado (tempo medido tanto para um terráqueo quanto para um kryptoniano). Antes, para isso, os cientistas de Krypton deveriam burlar um entrave posto pela Teoria da Relatividade para locomoção de corpos a velocidades próximas à da luz. Outro de seu postulado diz que a massa de um corpo aumenta de acordo com o aumento de sua velocidade. Para valores próximos à velocidade da luz, esse aumento da massa relativística[9] não pode ser desprezado. Com um corpo se movendo a 99,99999999% da velocidade da luz, seu aumento de massa será de 70 mil vezes[10]. Desse modo, seria necessário que o corpo cada vez mais massivo consumisse cada vez mais energia para que acelerasse progressivamente mais e se locomovesse sempre mais próximo ao valor limite da velocidade da luz. Chegaria um determinado momento em que sua massa seria tão imensa, e a demanda de energia, tão intensa, que nem o Universo poderia provê-la.

---

[9] Para saber mais sobre o aumento de massa de corpos em movimento próximo à velocidade da luz, é recomendada a leitura do tópico "Massa infinita", no capítulo destinado ao Flash.

[10] GREEM, B. *O universo elegante*: supercordas, dimensões ocultas e a busca da teoria definitiva. São Paulo: Cia das Letras, 2011. p. 70.

Figura 1.1 – Dois gêmeos idênticos são separados, um fica na Terra, e o outro parte em uma missão espacial em uma nave movendo-se próximo à velocidade da luz, medida feita em relação a Terra, um referencial não inercial. No retorno, o irmão que ficou na terra haveria envelhecido décadas a mais. O irmão astronauta sofreria os efeitos relativísticos durante a viagem espacial com o tempo passando mais devagar; e a viagem para ele duraria poucos anos apenas. Como os processos biológicos ocorrem de acordo com a passagem do tempo, o astronauta estaria com uma aparência jovial, enquanto seu irmão estaria bem envelhecido.

Fonte: Letícia Machado

1.2 A dilatação gravitacional do tempo

Considere que os kryptonianos, de algum modo, tivessem conseguido resolver os embargos da demanda energética. Mesmo se a nave que trouxe Kal-El até a Terra não tivesse viajado com velocidade próxima à da luz para que sentisse um considerável efeito da dilatação do tempo, ele poderia chegar até aqui bem jovenzinho. Outra previsão que a Teoria da Relatividade Geral traz é que os efeitos da dilatação do tempo também podem ser sentidos de acordo com a gravidade, fenômeno denominado dilatação gravitacional do tempo. Segundo ela, quanto maior a gravidade, mais lento o tempo transcorre para os eventos ocorridos em sua presença. A gravidade em nosso planeta tem, ao nível do mar, um valor de 9,83 m/s^2. Esse valor não é constante, varia de acordo com a distância em relação ao centro da Terra; quanto maior for a altitude, menor será a gravidade.

No topo do monte Everest, a quase 9 km de altitude, seu valor é de 9,78m/s^2. Isso quer dizer que o tempo na superfície da Terra passa mais lento que no cume do Everest? A resposta é sim, e isso também já foi comprovado experimentalmente com relógios atômicos. Ao serem colocados em diferentes alturas, foram constatadas variações na passagem do tempo na ordem de bilionésimos de segundo. Nesse caso, os efeitos da dilatação do tempo só seriam sentidos na presença de campos gravitacionais extremamente fortes, como de um buraco negro. Esses corpos muitíssimo densos possuem um campo gravitacional tão intenso que a velocidade de escape[11] em seus domínios é maior que a velocidade da luz, sendo impossível que, até mesmo ela, venha escapar de um buraco negro.[12] Se o astronauta João conseguisse ficar apenas uma hora nas proximidades de um buraco negro, tempo medido a bordo da nave, teriam se passado séculos aqui na Terra[13]. Admite-se que, se a nave enviada de Krypton pudesse simular campos gravitacionais tão intensos quanto os de um buraco negro, Kal-El sentiria os efeitos da dilatação gravitacional do tempo. Isso possibilitaria ter chegado até aqui ainda bebê, não importando o tempo de viagem medido por alguém na Terra ou em Krypton.

1.3 Pegando um atalho

Há outra possibilidade de Jor-El ter enviado seu filho à Terra, mesmo que os kryptonianos não tenham burlado as dificuldades impostas pela Relatividade a viagens espaciais em velocidades excepcionais. A Teoria da Relatividade Geral prevê a existência de atalhos no Universo, popularmente conhecidos como "buracos de minhoca". Também chamados de "Ponte de Einstein-Rosen", eles seriam uma curta passagem no espaço-tempo que conectaria duas regiões distantes do Universo ou, até mesmo, poderia ser a conexão entre Universos distintos. De acordo com a relatividade, o tecido do espaço-tempo pode ser encurvado pela gravidade. Imagine você deitado em um colchão bem macio criando nele uma deformidade em decorrência de seu peso. Quanto mais pesado for, maior será a deformidade criada. Ima-

---

[11] A velocidade de escape é a mínima velocidade necessária para um corpo sem propulsão conseguir se desvencilhar do campo gravitacional de um corpo celeste. É tratada em pormenor no tópico "A velocidade de escape, uma viagem sem volta", no capítulo destinado ao Flash.

[12] Os buracos negros são corpos celestes extremamente densos, possuem um campo gravitacional tão intenso que nada consegue vencê-los, seja uma partícula ou uma radiação eletromagnética, como a luz. Esses corpos são abordados no tópico "Virar um buraco negro", do capítulo destinado ao Homem-Formiga em *A Física e os super-heróis Vol. 2*.

[13] ROVELLI, C. *A realidade não é o que parece*. Rio de Janeiro: Objetiva, 2017.

gine você com uma massa tão grande, que ficará completamente afundado no colchão, deixando bem próximas a superfície superior da superfície inferior do colchão, a ponto de elas praticamente se tocarem. Imagine agora um ácaro passeando pela superfície superior do colchão, dando a volta nele até atingir o mesmo ponto em que se encontra, só que na parte de baixo da superfície. Para o ácaro existirá um trajeto mais prático e rápido. Em vez de dar a volta caminhando todo o trajeto por ambas as superfícies, ele poderá chegar até o outro lado percorrendo a deformidade que foi criada pela massa deitada no colchão. Quando atingir o ponto mais baixo, criar um pequeno túnel ligando as duas superfícies e o atravessar. Pronto, ele teria chegado ao seu destino sem a necessidade de percorrer o longo caminho por toda a superfície do colchão. Essa é a ideia dos buracos de minhoca, criar intensos campos gravitacionais nos dois pontos do Universo que se queira conectar. Isso dobraria o tecido do espaço-tempo, diminuindo a distância existente entre esses dois pontos.

Em seu livro *O Universo numa casca de noz*, o físico inglês Stephen Hawking fez a seguinte colocação:

> [...] Buracos de minhoca, se existirem, seriam a solução para o problema do limite de velocidade no espaço: levaria dezenas de milhares de anos para atravessarmos a galáxia em uma espaçonave que viajasse abaixo da velocidade da luz, como exige a relatividade. Mas poderíamos atravessar um buraco de minhoca até o outro lado da galáxia e estar de volta a tempo para o jantar.[14]

Apesar de serem previstos pela relatividade, não se tem conhecimento teórico para a criação dos buracos de minhoca, talvez os kryptonianos possuíssem. Jor-El poderia ter criado um atalho conectando os dois mundos (Figura 1.2), encurtando a distância de 27 anos-luz e enviado o bebê Kal-El por ele. A nave entraria por uma boca do túnel e sairia bem próxima à Terra em alguns instantes, possibilitando que o filho chegasse ainda bebê.

---

[14] HAWKING, S. *O Universo numa casca de noz*. 9. ed. São Paulo: ARX, 2002.

Figura 1.2 – Um buraco de minhoca seria uma curta passagem no espaço-tempo que conecta diretamente duas regiões distintas do Universo. Os kryptonianos poderiam criá-lo, encurtando a distância entre seu planeta e a Terra. O bebê Kal-El teria sido enviado por uma nave que, partindo de Krypton, adentraria o buraco de minhoca, saindo muito próximo a Terra aonde chegaria em poucos instantes.

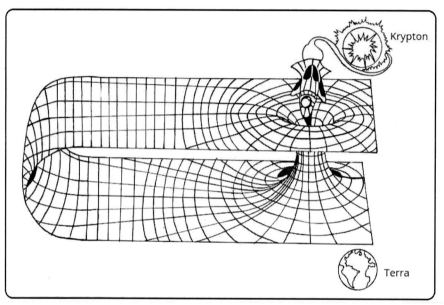

Fonte: Letícia Machado

1.4 O supersalto

Superman é o personagem mais poderoso da DC Comics, e a origem de seus poderes já foram atribuídas a, pelo menos, três fatores: um deles seria o fato de a gravidade terrestre ser muito menor que a de Krypton, o que lhe garantiria uma enorme força muscular. Outro fator seria que os kryptonianos, que viviam em seu planeta orbitando uma estrela vermelha, teriam a capacidade de metabolizar a energia do Sol, uma estrela amarela, dando-lhes superpoderes. O terceiro seria o fato de nossa atmosfera ser, de algum modo, nutritiva aos kryptonianos. Quando o personagem surgiu, em 1938, não era dotado de alguns dos poderes que hoje lhe são atribuídos, os quais lhe foram conferidos ao longo do tempo. Suas habilidades iniciais são descritas da seguinte maneira em sua revista de estreia:

> Quando a maturidade foi atingida, ele descobriu que podia facilmente: saltar 200 metros, sobre um prédio de 20 andares... Erguer pesos tremendos... Correr mais rápido do que um trem expresso... E que nada menos do que um morteiro poderia penetrar sua pele![15].

Sua proeza inicial de pular sobre um obstáculo da altura de um prédio de 20 andares é chamada de supersalto. A descrição anterior não menciona uma de suas habilidades mais memorável, a de voar, pois essa só lhe foi concedida por volta de 1943, talvez como uma evolução do supersalto. Durante as publicações das histórias em quadrinhos do Homem de Aço, alguns de seus poderes foram deixados de lado, enquanto outros foram aparecendo, conforme a evolução do personagem e o interesse dos roteiristas. Em meados dos anos 1960, Superman já estava tão vigoroso que, com sua força e os demais poderes, poderia destruir planetas inteiros, sendo apresentado como um dos super-heróis mais poderosos das histórias em quadrinhos.

Da informação contida em sua revista de estreia, de que Superman poderia saltar 200 m sobre um prédio de 20 andares, conclui-se o seguinte: se for levado em conta que cada andar de um prédio tem 3,25 m de altura, um prédio de 20 andares teria 65 m. É possível concluir que o Superman poderia saltar sobre um obstáculo de 65 m de altura estando ele a 200 m de distância desse obstáculo (Figura 1.3). Desses dados, extraem-se algumas informações interessantes sobre os poderes do Superman nessa sua primeira fase. É possível saber a velocidade inicial em um salto, a força que consegue imprimir para realizá-lo e a aceleração adquirida por intermédio dessa força. Vejamos qual a aceleração e a velocidade inicial que o herói consegue imprimir ao realizar o que já foi considerada uma proeza, saltar sobre um prédio de 20 andares. Para isso, desconsidera-se qualquer ação da força de atrito entre seu corpo e o ar.

---

[15] ACTION COMICS, 1938, p. 6.

Figura 1.3 – Superman poderia saltar obliquamente sobre um prédio de 65 m estando a 200 m dele. Na gravura V_{ix} é a projeção do vetor velocidade inicial no eixo da abcissa, e V_{iy}, sua projeção no eixo da ordenada.

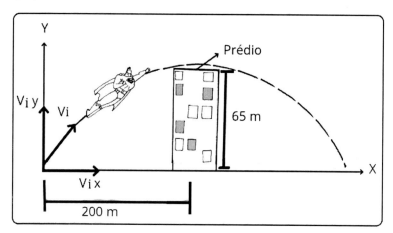

Fonte: Letícia Machado

Para determinar sua velocidade inicial, utiliza-se uma relação matemática chamada de "Equação de Torricelli", que é representada por:

$$V^2 = V_i^2 + 2.a.\Delta S \quad \text{(i)}$$

Evangelista Torricelli (1608-1647) foi um físico e matemático italiano nascido em Roma. Foi assistente do também italiano Galileu Galilei, considerado o pai da ciência moderna. Com a equação desenvolvida por Torricelli, é possível determinar a velocidade inicial ou a final de um corpo que esteja em movimento, em que a aceleração (ou desaceleração) é constante. Com ela não há a necessidade de saber o intervalo de tempo em que esse corpo permaneceu em movimento. Na equação, têm-se:

V→ velocidade final (m/s);

V_i → velocidade inicial (m/s);

a→ aceleração (m/s²);

ΔS→ espaço percorrido pelo corpo (m).

Quando aplicada para descrever um movimento na vertical, são feitas algumas adaptações na equação de Torricelli. Em vez do espaço percorrido, o **ΔS** passa a representar a altura **ΔH** atingida. A aceleração **a** passa a ser a aceleração da gravidade, que é representada por **g**.[16] A aceleração da gravidade é a intensidade do campo gravitacional terrestre em um determinado ponto. Ao nível do mar e à latitude de 45°, possui-se um valor aproximado de 9,8 m/s²; para simplificação de cálculos, será adotado o valor de 10 m/s².

Quando se lança um objeto para cima, a força da gravidade desacelera seu movimento, fazendo com que sua velocidade seja reduzida uniformemente a uma taxa de 10 m/s a cada segundo.[17] Chega um ponto no qual o objeto encerra seu movimento ascendente, fica imóvel e, numa fração de segundos, inicia seu movimento de queda. Esse ponto representa a altura máxima atingida por esse objeto. Ao iniciar o supersalto, o movimento do Superman não é totalmente vertical, mas forma um ângulo com a horizontal; esse tipo de movimento é chamado de lançamento oblíquo. Nele, o corpo executa dois tipos de movimentos simultâneos, o de subir e descer verticalmente, além de se deslocar na horizontal. Seu movimento na horizontal é realizado com velocidade constante, e no movimento vertical sua velocidade varia de acordo com seu deslocamento em relação ao sentido do campo gravitacional. No Quadro 1.2, utiliza-se a equação de Torricelli para calcular a mínima velocidade inicial que Superman deverá desenvolver para realizar seu supersalto na situação considerada.

Quadro 1.2

Assim que Superman inicia o salto, sua velocidade inicial V_i terá uma componente horizontal V_h e outra componente vertical V_v[18] (formando um triângulo retângulo), que se relacionam pelo Teorema de Pitágoras:

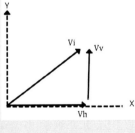

$$V_i^2 = V_h^2 + V_v^2$$

---

[16] No tópico "Resgatar pessoas durante a queda, seria um salvamento?", na continuação do capítulo destinado ao Superman em *A Física e os super-heróis Vol. 2*, a aceleração da gravidade é abordada em detalhes.

[17] A desaceleração da gravidade também é detalhada no tópico "Resgatar pessoas durante a queda, seria um salvamento?", no capítulo destinado ao Superman em *A Física e os super-heróis Vol. 2*.

[18] No sistema de coordenadas no plano cartesiano, a componente horizontal da velocidade é a projeção do vetor velocidade no eixo da *abscissa*, e a componente vertical é a projeção no eixo da *ordenada*.

No movimento oblíquo do Superman, adapta-se a Equação de Torricelli (1) para o movimento vertical, em que a velocidade inicial V_i será a velocidade inicial no eixo vertical (V_{iv}), e a velocidade final V será a velocidade final no eixo vertical V_v. Com as substituições:

$$V_v^2 = V_{iv}^2 \pm 2.g.\Delta H \qquad (2)$$

Como sua velocidade vertical diminui conforme ganha altura, considera-se que, na altura máxima atingida (a altura de 65 m de um prédio), sua velocidade final $\mathbf{V_v}$ seja nula. A aceleração da gravidade $\mathbf{g}$ será substituída por 10 m/s² (como ele está subindo, o movimento é desacelerado, a aceleração é negativa, o que é representado pelo sinal de menos), e a altura $\mathbf{\Delta H}$ considerada é de 65 m. Substituindo esses dados em (2), tem-se:

$$0^2 = V_{iv}^2 - 2.10.65$$

$$0^2 = V_{iv}^2 - 1300$$

$$V_{iv}^2 = 1300$$

$$V_{iv} = \sqrt{1300} = V_{iv} = 36\frac{m}{s}$$

A velocidade aproximada de 36 m/s será a componente vertical da velocidade inicial do salto de Superman. Agora, calcula-se a componente de sua velocidade na horizontal que será constante, pois não sofre influência da aceleração da gravidade, que age apenas no sentido vertical. Antes de calcular sua velocidade horizontal, é preciso saber o tempo que o Superman leva para atingir o topo do prédio de 65 m. Para isso, utiliza-se a chamada "função horária da velocidade":

$$V = V_{iv} \pm a.t$$

Embrionária da Equação de Torricelli, em um movimento acelerado, essa equação relaciona a velocidade com o tempo. Aplicando-a em um movimento vertical, $\mathbf{V}$ será a velocidade nula do eixo vertical no ponto mais alto da trajetória, $\mathbf{V_{iv}}$, a velocidade inicial na vertical, e a aceleração $\mathbf{a}$ será a aceleração da gravidade. O tempo $\mathbf{t}$ na equação representa o tempo que se deseja determinar seu valor e é medido em segundos. Fazendo as substituições:

$$V = V_{iv} \pm a.t$$

$$0 = 36 - 10.t$$

$$10.t = 36$$

$$t = 3,6\,s$$

Superman levaria 3,6 segundos aproximadamente para atingir o topo do prédio. Esse seria o mesmo tempo para ele percorrer os 200 m que o separa do prédio. Em um movimento uniforme, como o movimento horizontal do Superman durante esse salto, a velocidade estaria relacionada à distância percorrida e ao tempo para esse deslocamento, sendo dada pela relação:

$$Velocidade = \frac{dist\hat{a}ncia\,percorrida}{tempo}$$

Fazendo as substituições:

$$v_h = \frac{d}{t} = \frac{200}{3,6}$$

$$v_h = 55,5\,\frac{m}{s}$$

A componente horizontal de sua velocidade v_h será de 55,5 m/s. Por fim, para saber sua velocidade inicial, utiliza-se o Teorema de Pitágoras substituindo as componentes vertical e horizontal de sua velocidade:

$$V_i^2 = V_h^2 + V_v^2$$

$$V_i^2 = 36^2 + 55,5^2$$

$$V_i^2 = 4376$$

$$V_i = \sqrt{4376}$$

$$V_i = 66,1\,\frac{m}{s}$$

A velocidade de 66,1 m/s pode ser expressa em outra unidade, chamada de quilômetros por hora (km/h). Para passar a velocidade de m/s para km/h, multiplica-se seu valor por 3,6.

Calculando:

$$66,1\;.3,6 = 238\,km\,/\,h$$

> Superman inicia seu salto obliquamente com uma velocidade de 238 km/h. Fazendo uso da equação de Torricelli, agora veremos a altura que Superman conseguiria atingir se desse esse salto verticalmente. Considerando sua velocidade inicial de 66,1 m/s e a velocidade final nula que ele terá no ponto mais alto de sua trajetória:
>
> $$V_v^2 = V_i^2 \pm 2.g.\Delta H$$
>
> $$0^2 = \left(66,1\right)^2 - 2.10.\Delta H$$
>
> $$20\Delta H = 4.369,21$$
>
> $$\Delta H = 218,46\,m$$

A mínima velocidade inicial que Superman deverá adquirir durante o salto, para conseguir atingir a altura de um prédio de 20 andares situado a 200 m de distância, seria de 66,1 m/s ou 238 km/h. Essa velocidade não seria algo tão absurdo para o herói. Apenas para comparação, um carro de Fórmula 1 pode atingir algo em torno de 360 km/h de velocidade máxima. Aqui, percebe-se quanto o poder do personagem evoluiu. Hoje ele pode atingir durante o voo, e sem esforço, velocidades próximas à da luz. Para atingir o topo do prédio nesse salto, Superman levaria aproximadamente 3,6 s; novamente se nota a progressão de seus poderes. Em *Superman – O Filme*[19], há uma cena na qual o herói começa a voar em torno da Terra em sentido contrário ao da rotação do planeta, com o objetivo de fazer o tempo retroceder (??!!). Nela se percebe que, conforme a velocidade do Superman vai aumentando, em apenas um segundo, ele consegue dar várias voltas em torno do globo terrestre, que possui uma circunferência de mais de 40 mil quilômetros. Supondo que o herói desse duas voltas a cada um segundo em volta da Terra, sua velocidade seria de aproximadamente 80.000 m/s ou 288.000 km/h. Nada mau, hein?!! E se, em seus primórdios, Superman desse seu supersalto não obliquamente, mas na vertical, em um simples pulo, ele atingiria uma altura aproximada de 218 m.

Voltando a analisar o grande salto do Superman, uma das maiores façanhas que conseguiria realizar em sua primeira fase, para atingir a velocidade de 238 km/h no início desse seu salto, ele fez uso da terceira lei de Newton.[20] Sua velocidade inicial é originária do impulso que con-

---

[19] SUPERMAN. Direção: Richard Donner. Estados Unidos: Warner Bros, 1978. 1 DVD (143 min).

[20] No tópico "A capacidade de voar", no capítulo destinado ao Superman, em *A Física e os super-heróis Vol. 2*, a terceira lei de Newton será abordada em pormenores.

A FÍSICA E OS SUPER-HERÓIS

segue adquirir ao fazer com as pernas uma força sobre o solo. Para saltar obliquamente, ele flexiona os joelhos e aplica uma força com os pés sobre o chão. Essa força tem uma componente vertical direcionada para baixo e outra componente horizontal direcionada para trás. Pela terceira lei de Newton, o chão exerce sobre o herói, ao mesmo instante, uma força de mesma intensidade, porém contrária, fazendo com que entre em movimento ascendente e para frente. Considere que o Superman exerça essa força sobre o solo durante meio segundo (0,5 s). Nesse intervalo de tempo, seus pés perdem contato com o solo, e sua velocidade varia de zero para os 66,1 m/s (238 km/h) encontrados anteriormente. Com isso, é possível determinar a aceleração que ele adquire enquanto exerce sobre o chão a força que o impulsionará (Quadro 1.3).

Quadro 1.3

Nesse caso, a velocidade inicial é nula, pois representa o momento antes de iniciar o movimento e recorre-se novamente à função horária da velocidade. Nessa função, a velocidade final **v** será a velocidade com a qual Superman perde o contato com o solo, que é a velocidade inicial do salto, fazendo as substituições:

$$V = V_i + a.t$$
$$66,1 = 0 + a.0,5$$
$$a.0,5 = 66,1$$
$$a = 132,2 \frac{m}{s^2}$$

A aceleração que Superman consegue desenvolver durante o início de seu salto é de 132,2 m/s². Um carro de Fórmula 1 consegue variar sua velocidade de 0 km/h a 100 km/h em 2,6 s, o que lhe dá uma aceleração de 10,7 m/s². Nesse quesito, Superman bate um carro de Fórmula 1 com uma aceleração 12 vezes maior. Se o tempo de contato entre ele e o solo for menor, como ¼ de segundo, isso daria uma aceleração de 264,4 m/s², quase 25 vezes maior que um carro de Fórmula 1.

A segunda lei de Newton diz que uma força resultante aplicada em um corpo provoca nele uma aceleração de acordo com a relação:

$$\boxed{F = m.a} \tag{3}$$

Na equação (3), **m** representa a massa do corpo no qual a força está sendo aplicada. Por essa relação, é possível determinar (Quadro 1.4) a força que o chão exerce sobre o Superman, que será a mesma força que ele exerce sobre o chão. Para isso, considere que sua massa seja de 100 kg, o que seria coerente segundo seu porte físico.

Quadro 1.4

Fazendo uso da equação (3) para determinar a força que Superman exerce sobre o chão:

$$F = m.a$$
$$F = 100.132,2$$
$$F = 13.220\,N$$

Para a aceleração de 253 m/s²:

$$F = m.a$$
$$F = 100.264,4$$
$$F = 26.440\,N$$

A força que Superman exerce sobre o chão pode chegar a 26.440 N. Em termos de comparação, equipara-se à força de 1 N ao esforço muscular necessário para segurar algo que tenha uma massa de 100 gramas (0,1 kg). A força de 26.440 N que Superman consegue exercer sobre o chão é comparada ao esforço necessário para segurar um corpo de 2.644 kg. Isso é mais de duas toneladas e meia, algo impossível para quem é desprovido de superforça.

Na capa da *Action Comics #1*, o herói é apresentado erguendo um automóvel, que pode ser estimado com uma massa aproximada de uma tonelada. Nas Olimpíadas de Tóquio de 2020, o georgiano Lasha Talakhadze bateu o recorde mundial de levantamento de peso, conquistado em 2021, conseguindo erguer 488 kg. Esse valor não foi o total que ergueu, mas o somatório do peso levantado em duas etapas, 223 kg de massa no arranque e 265 kg de massa no arremesso. Portanto, o peso máximo que o atleta conseguiu erguer foi de uma massa de 265 kg, quase quatro vezes menos a força que Superman conseguia erguer em seus primórdios.[21]

---

[21] A análise dos poderes do Superman sob uma ótica científica é complementada em *A Física e os super-heróis Vol. 2*, em que serão analisados, entre outros aspectos, sua superforça na gravidade terrestre, sua capacidade de voar, a visão de raios-X, o sopro congelante e a atmosfera de Krypton.

CAPÍTULO 2

FLASH

Flash foi criado pelo escritor estadunidense Gardner Francis Cooper Fox (1911-1986) e pelo ilustrador de mesma nacionalidade Harry Lampert (1916-2004). Estreou em sua publicação própria, a *Flash Comics # 1,* em 1940. Seu nome é partilhado por alguns super-heróis que possuem em comum o poder da supervelocidade, tendo sua identidade assumida por: Jay Garrick, Barry Allen, Wally West e Bart Allen. Cada um desses adquire os poderes de Flash de forma diversa. Jay Garrick foi o primeiro personagem a se chamar Flash; é um jovem universitário que trabalha como assistente de laboratório para seu professor de Biologia. Acidentalmente, derruba e respira os vapores de um líquido misterioso que ativa seu "Meta-Gene", concedendo-lhe a supervelocidade. Barry Allen, talvez o mais famoso a assumir o papel de Flash, é um policial forense que trabalha próximo a um centro de pesquisas que havia construído um acelerador de partículas para estudos em energia limpa. Certa noite, Barry está trabalhando em seu laboratório, mexendo com produtos químicos, quando ocorre uma grande explosão no acelerador, provocando uma tempestade elétrica. Um dos raios atinge Barry que, no momento do infortúnio, passa a ter o corpo banhado pelos produtos químicos que manuseava. Após acordar de um período em coma, descobre ter ganhado o poder da supervelocidade. Wally West foi o terceiro personagem a assumir o papel do herói e também adquire seus poderes ao ser atingido por um raio e embebido por produtos químicos. Por fim, Bart Allen, o quarto e mais recente a assumir o papel do herói, é neto de Barry Allen e nasce com o poder da supervelocidade. Com sua capacidade de locomover-se na velocidade da luz, e até mesmo superá-la, Flash é um dos personagens mais controversos quando analisado sob a ótica das leis da física; aqui serão analisados alguns pontos.

2.1 Correr na "modesta" velocidade do som

Apesar de ser um super-herói e estar constantemente salvando pessoas e a humanidade, Flash não seria um vizinho benquisto em seu bairro nem pelos cidadãos de sua cidade, veja o porquê. A luz é um tipo de radiação eletromagnética que se propaga a uma velocidade próxima de 300.000.000 m/s. Já o som, uma onda mecânica, se propaga no ar em uma velocidade 900 mil vezes menor, a 340 m/s aproximadamente. Para que sua velocidade atinja valores próximos à velocidade da luz, Flash precisaria, primeiramente, ultrapassar a velocidade do som, o que seria acompanhado de consequências físicas, com o herói deixando um rastro de estragos pelas ruas, como janelas de vidro quebrando e paredes rachando. Esses transtornos são exatamente os mesmos que ocorrem com a passagem de aviões supersônicos pelas cidades. Esses aviões conseguem viajar mais rápido que o som e, ao atingirem sua velocidade, provocam o chamado "sonic boom" ou estrondo sônico. Um barulho tão intenso que, além do mal-estar causado em pessoas próximas, pode ser acompanhado por fortes danos físicos e abalos estruturais em áreas construídas. Entenda melhor como isso ocorre.

Conforme uma aeronave desloca-se pela atmosfera, comprime o ar à sua frente, criando ondas de pressão, que propagam seu barulho natural. Portanto, essas ondas de pressão deslocam-se na velocidade do som. A velocidade aproximada do som de 340 m/s é denominada Mach 1. As ondas de pressão propagam-se por todas as direções. Se o avião estiver a uma velocidade inferior à do som, logo inferior às ondas de pressão, essas estarão sempre à frente da aeronave e distanciando-se dela. Conforme sua velocidade aumenta, a aeronave comprime cada vez mais as ondas de pressão à sua frente, deixando-as progressivamente mais próximas. Quando o avião atinge a mesma velocidade na qual as ondas se propagam (Mach 1), as ondas de pressão não estão mais se afastando da aeronave, passando a se moverem com o veículo (Figura 2.1). Percebe-se visualmente quando o avião atinge o Mach 1, pois, dependendo da umidade atmosférica, forma-se um cone branco de condensação de gotículas de água presentes no ar. Se o avião aumentar sua velocidade movendo-se mais rápido que as ondas sonoras (Mach 1), diz-se que a barreira do som foi quebrada. As ondas de pressão que se juntam à frente da aeronave passam a se propagar como uma única onda de grande energia, chamada de onda de choque.

Figura 2.1 – A primeira ilustração exemplifica um voo subsônico, no qual, mesmo comprimidas, as ondas de som se propagam à frente do avião. Na sequência a aeronave atinge a barreira do som, as ondas são sobrepostas causando o "sonic boom". Em seguida é representado o voo supersônico, as ondas formam um cone após a passagem do avião. O *sonic boom* terá um efeito contínuo, com consequências físicas no ambiente.

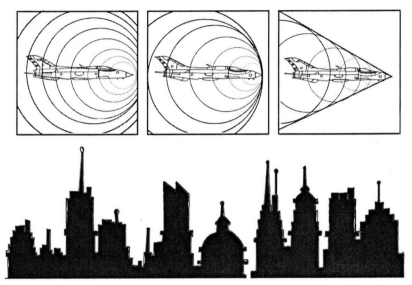

Fonte: Letícia Machado

Em aeronaves deslocando-se em Mach 1, as ondas de pressão ficam dispostas desde a parte da frente (nariz) da aeronave até além da traseira (cauda), formando o chamado Cone de Mach, ou cone supersônico, que se propaga pela atmosfera podendo atingir a superfície terrestre. Após a passagem do avião, todo corpo que estiver na região do Cone de Mach sentirá os efeitos da onda de choque. Ela provoca uma abrupta variação na pressão do ar, sendo sentida como uma "pequena" explosão. Um exemplo bem comum desses estrondos sônicos é o trovão. Os raios são descargas elétricas que, ao caírem, aquecem repentinamente o ar à sua volta, provocando sua abrupta expansão. Com a velocidade da expansão do ar sendo maior que a velocidade do som, o estrondo sônico é formado, sendo chamado de trovão. Imagine você morando no mesmo bairro do Flash, sentado confortavelmente em sua sala, assistindo à TV. De repente, você escuta um estrondo e percebe os vidros de sua janela quebrando e as paredes rachando!! Saberia que o Flash havia acabado de passar em frente à sua casa na modesta velocidade do som.

2.2 Outros problemas ao correr na velocidade do som

À medida que um corpo se movimenta na velocidade Mach 1, acumulam-se ondas de pressão à sua frente. Chega um momento em que esse acúmulo de ondas criará uma barreira física de ar por conta da compressão dos gases, chamada de barreira sônica. Quando os aviões supersônicos atingem a velocidade do som, continuam acelerando com o propósito de ultrapassá-la rapidamente para que essa barreira não seja formada. Ao formá-la à sua frente enquanto corre, Flash sofreria uma colisão como se tivesse sido chocado em um obstáculo rígido. Quando atingisse a velocidade do som, o herói não poderia ficar muito tempo correndo na velocidade Mach 1. Ele deveria continuar acelerando para ultrapassá-la rapidamente, o que, convenhamos, para ele não seria um problema.

Quando um avião sônico ultrapassa a velocidade Mach 1, movendo-se mais rápido que as ondas sonoras, o piloto não consegue ouvir o barulho que o próprio avião produz, como o barulho do motor. Isso ocorre, pois o piloto está sempre à frente do próprio som. O mesmo ocorre com Flash deslocando-se com velocidade acima daquela de propagação do som. Ele não ouve qualquer tipo de barulho produzido enquanto corre, como o bater de seus pés no solo. Mais do que isso, seria muito difícil se comunicar com ele por ondas sonoras se essas estiverem em propagação no mesmo sentido de sua velocidade, pois ele estaria sempre à frente. Portanto, se Flash estiver passando por alguém pouco acima da velocidade do som, não adianta gritar por ajuda, caso esteja precisando, pois o herói não escutará. Porém, fazer uma ligação resolveria o problema, já que a comunicação com o herói, por meio de ondas eletromagnéticas, como rádio e celular, é possível, pois essas se propagam à velocidade da luz.

Os problemas de Flash não se limitariam ao de comunicação e de possível colisão com o ar. Quando um corpo está se movendo a uma velocidade supersônica, em sua parte frontal, ocorre um significativo aumento da pressão por conta da compressão dos gases, que passam a ocupar um volume cada vez menor conforme a velocidade aumenta. Além da alta da pressão, também ocorre um grande acréscimo em sua temperatura. Flash seria uma massa incandescente correndo a altíssimas velocidades, e o atrito de seu corpo com as moléculas dos gases presentes no ar aumentaria ainda mais sua temperatura. Se você visse uma bola de fogo passando com uma grande velocidade por sua rua, saberia se tratar de seu ilustre vizinho. Contudo, esse problema foi resolvido pelos roteiristas que lhe deram uma "aura antiatrito", que o blinda de qualquer efeito malévolo do atrito com o ar. Graças a essa aura, Flash não sente os efeitos da força de arrasto,[22] ocasionada pela resistência com o ar. Sem essa proteção, conforme sua velocidade fosse aumentando, o arrasto também aumentaria. Como o arrasto é uma força contrária à velocidade, Flash faria cada vez mais força para vencê-lo e continuar acelerando. Vamos refletir um pouco mais sobre isso.

Quando um corpo está se movendo em um fluido, como o ar, esse fluido exerce sobre o corpo uma força de atrito contrária ao movimento, também chamada de "força de resistência", ou simplesmente "arrasto". Essa força é proporcional à densidade do fluido e à área frontal do corpo em contato com ele. Além disso, o arrasto varia com o quadrado da velocidade com a qual o corpo desloca-se em relação ao fluido. Esta força é expressa pela seguinte relação:

$$F_{arrasto} = -\frac{1}{2}C.\rho.A.v^2$$

$C \rightarrow$ coeficiente de arrasto;

$\rho \rightarrow$ densidade do fluido (kg/m³);

$A \rightarrow$ área do corpo transversal às linhas fluidodinâmicas (m²);

$v \rightarrow$ velocidade do corpo (m/s).

Quando alguém se move em baixa velocidade, como se exercitando em uma corrida num parque, não se sente a força de arrasto. Como essa força aumenta com o quadrado da velocidade, quanto mais rápido um corpo estiver se movendo, maior será seu valor. Como o atrito é uma força oposta ao movimento, esse corpo deve exercer sobre o meio em que se movimenta uma força igual ao arrasto, se quiser manter sua velocidade, ou maior, caso queira acelerar. Quanto maior for sua velocidade, maior será a força de Flash sobre o solo para vencer o arrasto. Ao correr com velocidades próximas à da luz, ele deveria exercer sobre o solo forças de altíssimas intensidades. Porém, como visto, o herói não sente os efeitos da força de arrasto, pois a aura antiatrito lhe permite correr a qualquer velocidade sem sofrer as consequências da fricção. Ao protegê-lo do atrito essa aura também o livra

---

[22] A força de arrasto foi abordada em detalhes em "A capacidade de voar", tópico integrante do capítulo destinado ao Superman em *A Física e os super-heróis Vol. 2.*

do aquecimento provocado pela fricção entre ar e os corpos que se movem em altas velocidades. Não saberia responder como essa aura lhe permite caminhar, já que, para isso, precisa-se do atrito entre os pés e o solo.[23]

2.3 A velocidade de escape, uma viagem sem volta

Quando se joga um corpo para o alto, após atingir a altura máxima, ele entra em movimento de queda por conta da força de atração gravitacional. Porém, nem sempre tudo que sobe tem que descer. Quanto maior for a velocidade do corpo lançado, maior será a altura alcançada. Durante esse lançamento, pode ser impresso a ele uma velocidade suficiente para que vença a atração gravitacional e se afaste indefinidamente de nosso planeta. Essa velocidade inicial que um corpo sem propulsão deve ter para se desvencilhar da gravidade é chamada de velocidade de escape; é a mínima velocidade que um objeto deve desenvolver para que, a partir dela, sua energia cinética[24] seja maior que a energia de atração gravitacional. Isso possibilita ao corpo escapar do campo gravitacional terrestre em direção ao infinito, sem o retorno à Terra. Para calcular a velocidade de escape, considera-se que o corpo chegue ao ponto que ultrapassa os limites do campo gravitacional com, no mínimo, velocidade nula. Nesse ponto, o corpo não tem energia cinética e, como está além dos limites do campo gravitacional, também não terá energia potencial gravitacional. Para saber a velocidade de escape, igualam-se as energias cinética e potencial gravitacional que esse corpo possui na Terra com a energia que possuirá nesse ponto hipotético fora dos limites do campo gravitacional terrestre, que chamaremos de ponto limite. Também é desconsiderada a ação das forças dissipativas de energia ocasionadas pelo atrito com a atmosfera. Ao ser lançado a partir da superfície terrestre, esse corpo terá energia cinética e energia potencial gravitacional.

A energia cinética (Ec) é representada por:

$$E_c = \frac{m.v^2}{2}$$

em que **v** representa a velocidade de escape da Terra.

---

[23] A necessidade do atrito para que ocorram certos tipos de movimento será abordada no tópico "Correr pelas paredes".

[24] Energia cinética é associada à velocidade de um corpo e está presente em todos os corpos em movimento.

A energia potencial gravitacional (Eg) existente entre dois corpos cujos respectivos campos gravitacionais interagem é representada por:

$$E_g = \frac{G.m.M}{R}$$

Nessa equação, **m** é a massa do corpo que abandonará o planeta, e **M**, a massa da Terra. Como o corpo está se movendo contra o campo gravitacional, essa energia será representada com o sinal de menos. A letra **G**, nessa equação, não representa a aceleração da gravidade (g), mas a constante gravitacional de interação entre os corpos.[25] No Quadro 2.1, a seguir, será encontrado o valor da mínima velocidade que um corpo deve atingir para se desvencilhar da gravidade terrestre. Quem não tem interesse no desenvolvimento dos cálculos matemáticos pode pular os quadros, pois em seguida será exposto o resumo dos resultados neles alçados.

Quadro 2.1

Para calcular a velocidade de escape, a partir da superfície da Terra, é necessário igualar a energia que o corpo possui na Terra com a energia nula ao atingir o ponto limite de ação do campo gravitacional terrestre:

$$\frac{m.v^2}{2} - \frac{G.m.M}{R} = 0$$

$$v = \sqrt{\frac{2.G.M}{R}} \qquad (1)$$

em que:

m e M→ massa do corpo e do planeta, respectivamente (kg);

G→ constante da gravitação universal;

R→ distância em relação ao centro do planeta (m) (raio do corpo celeste);

v→ velocidade de escape (m/s).

Para a Terra, têm-se as seguintes medidas:

R = $6,38.10^6$ m (raio equatorial do planeta);

M = $5,98.10^{24}$ kg;

G = $6,67.10^{-11}$ N.m^2 / kg^2.

---

[25] A constante de interação gravitacional voltará a ser abordada no tópico "Criando um supercampo gravitacional à sua volta".

> Substituindo esses dados em (1), tem-se:
>
> $$v = \sqrt{\frac{2.G.M}{R}}$$
>
> $$v = \sqrt{\frac{2.6,67.10^{-11}.5,98.10^{24}}{6,38.10^{6}}} = 11,2.10^{3}\ \frac{m}{s}$$
>
> Ter-se-á v = 11,2.10³ m/s ou 11,2 km/s.

Na superfície da Terra, a velocidade de escape é cerca de 11,2 km/s, o equivalente a 40.320 km/h[26], valor que independe da massa do corpo alçado. Se um corpo for lançado para o alto com essa velocidade inicial, independentemente do valor de sua massa, ele escapará da atração gravitacional do planeta Terra. A velocidade de escape estará sempre relacionada com a atração gravitacional exercida sobre os corpos. Na superfície da Lua, onde a gravidade é seis vezes menor que a terrestre, a velocidade de escape é 8.568 km/h. A aceleração da gravidade de Júpiter é mais que o dobro da Terra, e sua velocidade de escape é de 214.200 km/h. Objetos que se movem a propulsão, como foguetes, não precisam ter essa velocidade mínima. Como estão sendo constantemente impulsionados, podem libertar-se do campo gravitacional em qualquer velocidade.

A velocidade de escape não depende da direção em que o corpo está se movendo; pode ser vertical, horizontal ou em qualquer direção que for lançado, com essa velocidade mínima, abandonará o planeta. Flash pode correr por aí com velocidades bem maiores que a velocidade de escape. Isso seria um grande problema, pois escaparia facilmente do campo gravitacional terrestre, não importa em qual direção esteja correndo. Seja subindo um prédio por suas paredes ou até mesmo correndo pelas ruas do bairro, dificilmente conseguiria manter-se na superfície da Terra e em poucos instantes estaria abandonando o planeta. Como poderia ir além dos limites de atuação da atração de nosso campo gravitacional, seria uma viagem sem volta.

2.4 Sobre a velocidade da luz

Para determinar se um corpo está em movimento, assim como o valor da medida de sua velocidade, deve-se adotar um referencial para que esse

---

[26] Velocidade quase 33 vezes maior que a velocidade do som.

movimento seja descrito[27]. Um corpo pode estar em repouso em relação a um determinado referencial, mas em movimento em relação a outro, assim como pode estar mais ou menos veloz. No vácuo, a luz se propaga com velocidade de 300.000 km/s, o equivalente a 1,08 bilhão de km/h. Com essa velocidade, se a luz pudesse circular ao redor da Terra, daria sete voltas e meia em apenas um segundo. Uma velocidade tão grande que foi imposta pela Física como um limite. Nenhuma radiação, ou nada que possui massa, pode se mover com uma velocidade superior a essa. Em sua Teoria da Relatividade, Einstein propôs algo que, a princípio, nos causa certa estranheza. O físico alemão afirmou que a velocidade da luz terá seu valor constante de 300.000 km/s, não importa o referencial que venha a ser adotado ao realizar sua medida.

Quando objetos estão se movendo um em direção ao outro ou se afastando, suas velocidades relativas são somadas; quando estão se movendo no mesmo sentido, suas velocidades relativas são subtraídas.[28] Essa noção de velocidade relativa não se aplica à luz, seu valor será sempre constante, independentemente do referencial. Imagine uma nave espacial hipotética viajando a 200.000 km/s, indo ao encontro de uma estação orbital. Em um determinado instante, essa estação emite um flash luminoso ao encontro da nave. Em relação à estação, o flash se movimenta a 300.000 km/s. Agora, qual seria a velocidade do flash luminoso em relação à nave que se move ao seu encontro? Pelo raciocínio adotado para a determinação da velocidade relativa entre dois corpos se encontrando, suas velocidades deveriam ser somadas, e o flash de luz se moveria a 500.000 km/s em relação à nave, mas estranhamente não é isso que ocorre. Mesmo em relação à nave que se desloca ao seu encontro, a luz continua com sua velocidade de 300.000 km/s. Agora, imagine que a nave esteja viajando no mesmo sentido do feixe de luz. A velocidade relativa do feixe em relação à nave deveria ser de 100.000 km/s, mas não será. Para uma pessoa a bordo dessa nave, a luz manterá sua velocidade de 300.000 km/s. Se assim não fosse, seria possível ter a luz viajando, em relação à estação, a 300.000 km/s. Porém, em relação à nave, estaria a 500.000 km/s quando se aproxima, ou a 100.000 km/s se sua trajetória fosse no mesmo sentido da nave. O raio de luz poderia, até mesmo, ser visto completamente em repouso, como no caso da nave

---

[27] No tópico "Resgatar pessoas durante a queda, seria um salvamento?", no capítulo destinado ao Superman em *A Física e os super-heróis Vol. 2*, é abordado o fato de a velocidade variar de acordo com o referencial adotado para descrever um determinado movimento.

[28] No tópico "Resgatar pessoas durante a queda, seria um salvamento?", do capítulo destinado ao Superman, em *A Física e os super-heróis Vol.2*, é particularizada a questão da velocidade relativa. Sugiro a leitura para uma maior compreensão.

viajando no mesmo sentido do flash de luz, a uma velocidade de 300.000 km/s. Mas não é isso que ocorre, ainda assim a luz mantém sua velocidade próxima de 300.000 km/s.

Suponha que Flash estivesse correndo à velocidade da luz, segurando um espelho à sua frente com o propósito de ver a imagem de seu rosto refletida. Para tal intento, a luz que parte de seu rosto deveria atingir a superfície do espelho, refletir e, retornando a ele, atingir seus olhos. De acordo com a física clássica, isso seria impossível, pois, como o espelho está se movendo na mesma velocidade da luz, essa nunca o alcançaria, com o espelho ficando sempre a sua frente. Seria como se a luz ficasse parada em relação ao rosto do Flash, e nada seria visto no espelho. No entanto, a luz manteria sua velocidade, não apenas em relação ao rosto de Flash, como também em relação a quaisquer referenciais, e o herói conseguiria ver normalmente sua imagem refletida. A invariação da velocidade da luz foi apenas um dos lampejos que Einstein realizou em sua Teoria da Relatividade.

2.5 A dilatação do tempo

A Teoria da Relatividade impôs um valor absoluto para a velocidade de luz, sustentando que nada pode mover-se em maior velocidade. Além disso, como será visto mais adiante, a própria natureza impõe alguns percalços para qualquer corpo ou partícula, que queira mover-se próximo, ou até mesmo, na própria velocidade da luz. Em razão disso, vamos considerar que Flash pode atingir um valor muito próximo ao da luz, mas nunca esse, embora nos quadrinhos já a tenha ultrapassado em diversas ocasiões. Para que a velocidade da luz seja absoluta, tendo um valor constante, independentemente do referencial que venha a ser adotado, o tempo e o espaço passam a ser relativos, ambos dependentes do valor da velocidade. Um dos postulados da Relatividade diz que quanto maior a velocidade de um corpo, mais devagar o tempo passará para ele, fenômeno chamado de dilatação do tempo.[29] Outra previsão que a Teoria da Relatividade traz, e que também provoca estranheza, é a chamada "contração do espaço". Um corpo tem suas dimensões alteradas quando se desloca com velocidade próxima à da luz, reduzindo-a na direção de seu deslocamento. Nesse caso, a altura do corpo não se altera, apenas seu comprimento no sentido de seu movimento. Essa contração no comprimento é determinada pela seguinte relação:

---

[29] A dilatação temporal foi abordada no tópico "Ponte aérea Krypton–Terra", no capítulo destinado ao Superman.

$$L = L' . \sqrt{1 - \frac{v^2}{c^2}} \tag{2}$$

em que:

L→ comprimento do objeto em movimento;

L'→ comprimento do objeto em repouso;

v →velocidade relativa entre os corpos em movimento e em repouso;

c→ velocidade da luz no vácuo.

Para exemplificar o fenômeno da contração do espaço, imagine uma nave de 20 metros de comprimento (L') por 10 metros de altura. Quando ela estiver viajando a 250.000 km/s (aproximadamente 83% da velocidade de luz), sofrerá os efeitos relativísticos da contração do espaço. No Quadro 2.2, vamos determinar essa contração em seu comprimento em relação a um observador externo.

Quadro 2.2

Considerando uma nave de 20 m de comprimento a 250.000 km/s, para determinar a contração sofrida em seu comprimento, substituem-se esses dados na equação que fornece a contração do espaço (2):

$$L = L' . \sqrt{1 - \frac{v^2}{c^2}}$$

$$L = 20 . \sqrt{1 - \frac{(250.000)^2}{(300.000)^2}} = 11,1 \ m$$

Veja agora seu comprimento, se essa nave acelerar para 90% da velocidade da luz (0,90c):

$$L = 20 . \sqrt{1 - \frac{(0,90c)^2}{c^2}} = 8,7 \, m$$

Agora, com 99% da velocidade da luz:

$$L = 20 . \sqrt{1 - \frac{(0,99c)^2}{c^2}} = 2,8 \, m$$

Com velocidade próxima à da luz (250.000km/s), essa nave sofrerá os efeitos da contração do espaço. Para alguém que esteja observando seu movimento (referencial em repouso), o comprimento da nave passará a ser de aproximadamente 11 m, mas o valor de sua altura permanecerá o mesmo. Acelerando sua velocidade para 90% da velocidade da luz (270.000 km/s), seu comprimento observável passará a ser de apenas 8,7 m (Figura 2.2). Porém, um tripulante que esteja a bordo dessa nave não perceberá os efeitos da contração do espaço, para ele a nave continuará com sua extensão de 20 metros. Quando Flash estivesse correndo à velocidade próxima à da luz, ele sofreria os efeitos da contração do espaço. Sua altura não mudaria, mas sua largura vista de perfil seria mais tênue, podendo parecer tão fina quanto uma agulha, a depender de sua velocidade.

Figura 2.2 – Representação dos efeitos da contração do espaço. Conforme a velocidade da aeronave vai se aproximando da velocidade da luz, para um observador em repouso em relação ao evento, ocorre a contração em seu comprimento.

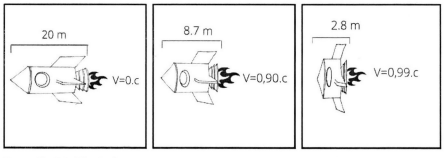

Fonte: Letícia Machado

Flash também sentiria os efeitos da dilatação do tempo.[30] Além de parecer sempre mais jovem que seus contemporâneos, algo bem bizarro aconteceria: ele poderia estar sempre atrasado para seus encontros. O que pode parecer um contrassenso não é tão estapafúrdio assim. Faça um exercício de imaginação: Flash está correndo pelo espaço a uma velocidade muito próxima à da luz, como a 299.999,99 km/s. De repente, recebe um comunicado para encontrar sua namorada, num determinado horário, em um ponto localizado a uma distância de uma hora-luz do local onde se encontra. É pedido que ele não se atrase, que chegue ao local pontualmente em uma hora. O herói raciocina da seguinte maneira: "Uma hora-luz é a distância que

---

[30] Sobre a dilatação do tempo ver o tópico "Ponte aérea Krypton–Terra", do capítulo destinado ao Superman.

a luz percorre em uma hora.[31] Assim, se eu sair correndo com uma velocidade muito próxima à da luz, diga-se 299.999,99 km/s, levarei em torno de uma hora para chegar ao meu ponto de encontro, apresentando-me apenas um pouquinho atrasado, pois não estou a exatos 300.000 km/s". Assim, para realizar o combinado, seguindo suas estimativas, no momento preterido, o herói parte em direção ao ponto de encontro. Medindo o tempo por seu relógio, corre por uma hora. Orgulhoso por manter sua fama de pontual, não encontra sua namorada no local em que acreditava ser o combinado. Posteriormente a encontra enfezada, dizendo que já faz 131 dias que se encontrava ali, plantada, esperando-o. Ele, cabisbaixo, lembra-se das aulas de relatividade que teve na escola. Correndo bem próximo da velocidade da luz, sofreu os efeitos da dilatação temporal. Uma hora medida por seu relógio resultaria em 3.164 horas medidas pelo observador em repouso, sua namorada (Quadro 2.3).

Quadro 2.3

Quando um objeto está se movendo com velocidade próxima à da luz, para ele o tempo fluirá mais lento, de acordo com um referencial inercial externo. Esse fenômeno chamado de contração do tempo é determinado pela equação:

$$\Delta t = \frac{\Delta t_0}{\sqrt{1 - \dfrac{v^2}{c^2}}}$$

em que:

$\Delta t_0 \rightarrow$ tempo medido pelo observador em movimento;

$\Delta t \rightarrow$ tempo medido pelo observador em repouso.

Δt_0 representa o tempo de 1 hora medido por Flash e v sua velocidade de 299.999,99 km/s. Fazendo-se as substituições:

$$\Delta t = \frac{1}{\sqrt{1 - \dfrac{\left(299.999,99\right)^2}{\left(300.000\right)^2}}} = 3.164\, horas$$

---

[31] Ver "Ponte aérea Krypton–Terra", no capítulo destinado ao Superman.

Os relógios de Flash e de sua namorada não estavam sincronizados, e o herói sentiu os efeitos da dilatação temporal. Enquanto, medindo o tempo com seu relógio, se passou uma hora para ele; pelo relógio em repouso utilizado por sua namorada, teriam se passado 3.164 horas, ou 131 dias. Essa diferença de tempo não seria sentida por Flash. A lição que se pode tirar disso? Que nunca se poderia contar com a pontualidade de Flash. Ele seria um herói que sempre estaria com o risco de chegar atrasado a seus compromissos, a não ser que levasse os efeitos relativísticos da contração do tempo em suas estimativas.

2.6 E = m.c²

Ao postular a Teoria da Relatividade, Albert Einstein demonstrou que existe uma intrínseca relação entre massa e energia evidenciada na famosa equação:

$$E = m.c^2 \qquad\qquad (3)$$

em que **m** é a massa do corpo em repouso e **c** a velocidade da luz.

A relatividade revela que "[...] massa e energia são duas manifestações distintas da mesma realidade física"[32]. Assim, existe a possibilidade de transformar qualquer quantidade de massa em energia. Essa descoberta possibilitou todo o desenvolvimento energético nuclear, seja para fins pacíficos, como a produção de energia elétrica, seja para fins militares em decorrência das armas nucleares. Na equação proposta por Einstein, a velocidade da luz seria uma constante de transformação entre as duas grandezas. Como o termo c^2 tem um valor gigantesco ($9,0.10^{64}$ m/s), a equação diz que a quantidade de energia presente em uma massa é colossal, mesmo essa massa sendo muito pequena e estando em repouso. Para se ter uma noção exata disso, em apenas um grama de massa tem-se o equivale a 9.10^{13} J de energia[33] (quadro 2.4).

---

[32] GASPAR, A. *Compreendendo a física, Volume 3.* 2. ed. São Paulo: Ática, 2017. p. 225.

[33] A unidade de medida de energia no Sistema Internacional de Medidas é o joule (J), uma referência ao físico britânico James Prescott Joule (1818-1889) que, entre outras coisas, estudou a natureza do calor e sua relação com o trabalho mecânico. Na eletricidade, a unidade de medida mais utilizada para a energia é o quilowatt-hora (kWh).

> **Quadro 2.4**
>
> A unidade padrão de medida de massa é o quilograma (kg), que equivale a mil gramas. Para se saber quantas gramas equivalem a 1 kg, divide-se seu valor por mil.
>
> 1g : 1000 = 0,001 kg = 1.10^{-3}, substituindo na equação (3) tem-se:
>
> $$E = m.c^2$$
>
> $$E = 1.10^{-3}.\left(3.10^8\right)^2$$
>
> $$E = 9.10^{13} J$$

A energia elétrica que as pessoas consomem em suas residências é medida em quilowatt-hora, em que 1 kwh equivale a $3,6.10^3$ J. Em um grama de massa, tem-se uma quantidade de energia equivalente a $2,5.10^{10}$ kWh. Supondo que uma família gaste em média 250 kWh por mês, a energia contida em um grama de massa seria suficiente para abastecer essa casa por 100 milhões de meses, considerando uma situação hipotética de um aproveitamento de 100% nessa conversão.

2.7 Massa infinita

É muito comum ver, de maneira equivocada, peso e massa serem tratados como sinônimos. Massa é uma propriedade específica de um corpo, ela está relacionada à quantidade de matéria nele presente. Já o peso de um corpo está relacionado à interação gravitacional entre a sua massa e a intensidade da atração gravitacional do local em que esse corpo se encontra. Dentro da mecânica clássica proposta por Isaac Newton, essa definição de massa é chamada de "massa gravitacional". A segunda lei de Newton[34] diz que, quando uma força resultante não nula atua sobre uma massa, esta apresentará alteração em sua velocidade, ou seja, sofrerá uma aceleração. Se for aplicada essa mesma força em massas cada vez maiores, a variação apresentada pela velocidade será, proporcionalmente, cada vez menor. Da primeira lei de Newton, tira-se o conceito de inércia, que seria uma propriedade da matéria em resistir às mudanças em sua velocidade.

---

[34] A segunda lei de Newton diz que a força resultante que age sobre um corpo é igual ao produto de sua massa pela aceleração que adquire como consequência da aplicação desta força: F=m.a. Sobre a segunda lei de Newton, ver tópico "A capacidade de voar" do capítulo destinado ao Superman em *A Física e os super-heróis Vol. 2*.

Quanto maior for a massa de um corpo, maiores forças serão necessárias para provocar alterações em sua velocidade. Tente empurrar em um balanço um elefante e uma formiga e verá, na prática, que corpos com maior massa possuem maior inércia. Essa capacidade que um corpo oferece em resistir a alterações em seu estado de movimento é chamada de "massa inercial". Quanto maior for a massa inercial de um corpo, menor será a aceleração quando sofrer a ação de uma força determinada.

A Teoria da Relatividade trouxe a visão de que tanto o tempo quanto as dimensões de um corpo podem variar de acordo com sua velocidade. A relatividade também mostra que a massa de um corpo não é constante; assim como o tempo e o comprimento, sua medida varia de acordo com sua velocidade, passando a ser chamada de massa relativa. A equação a seguir relaciona a massa relativa m com a velocidade do corpo:

$$m = \frac{m_0}{\sqrt{1 - \dfrac{v^2}{c^2}}} \tag{4}$$

Nela m_0 é a massa do corpo em repouso, v é a velocidade de deslocamento, e c é a velocidade da luz no vácuo, que equivale a 300.000.000 m/s. A equação (4) diz que quanto maior for a velocidade com a qual o corpo se movimenta, maior será sua massa relativa.

Segundo a Teoria da Relatividade, a massa de um corpo cresce com o aumento de sua velocidade; assim, conforme a velocidade desse corpo aumenta, aumenta também sua inércia. Porém, o aumento dessa massa não significa um aumento da quantidade de matéria presente nesse corpo, e sim um aumento de sua massa inercial.

> Se tivermos, por exemplo, um elétron em alta velocidade, a quantidade de matéria continua sendo de um elétron, mas sua massa aumenta, em relação ao referencial ao qual ele está em movimento.[35]

Assim como o tempo e o comprimento do corpo, esse aumento de massa é insignificante a baixas velocidades quando comparada com a velocidade da luz. Na equação que descreve a massa relativística, em baixas velocidades, a relação v^2/c^2 se torna desprezível, e a massa desse corpo

---

[35] GUIMARAES, O.; PIQUEIRA, J. R.; CARRON, W. *Física 3*. 2. ed. São Paulo: Ática, 2017. p. 199.

será igual a sua massa de repouso. Esses efeitos relativísticos começam a ser sentidos apenas quando o corpo passa a mover-se com velocidades a partir de 10% da velocidade da luz (30.000 km/s). Nesse caso, seu ganho de massa será significativo e cada vez maior quanto mais próximo estiver da velocidade de luz. A seguir, veja como o aumento da massa está relacionado com o aumento da velocidade (Quadro 2.5).

Quadro 2.5

Imagine que Flash esteja correndo a 210.000 km/s, isso representa 70% da velocidade da luz (0,7c), o que para ele é um simples passeio, e suponha que ele tenha uma massa de 70 kg. Substituindo esses valores na equação (4), tem-se:

$$m = \frac{m_0}{\sqrt{1 - \dfrac{v^2}{c^2}}}$$

$$m = \frac{70}{\sqrt{1 - \dfrac{\left(0,7c\right)^2}{c^2}}} = 100kg$$

A 70% da velocidade da luz, Flash sentiria os efeitos relativísticos sobre sua massa. A matéria presente em seu corpo continuaria relacionada a 70 kg, porém sua massa inercial seria de 100 kg.

Veja qual seria a massa de Flash se sua velocidade fosse 90% da velocidade da luz (0,9c) ou 270.000 km/s:

$$m = \frac{70}{\sqrt{1 - \dfrac{\left(0,9c\right)^2}{c^2}}} = 175kg$$

A 90% da velocidade da luz, sua massa passará a ser de 175 kg. Nota-se claramente seu aumento com o acréscimo da velocidade. Veja a massa do velocista escarlate a 95% da velocidade da luz:

$$m = \frac{70}{\sqrt{1 - \dfrac{\left(0,95c\right)^2}{c^2}}} = 226kg$$

Com 95% da velocidade da luz (285.000 km/s), sua massa passará para 226 kg; e, quanto mais próximo estiver da velocidade da luz, maior será seu ganho de massa. Veja agora com sua velocidade a 99% da velocidade da luz:

$$m = \frac{70}{\sqrt{1 - \frac{(0,99c)^2}{c^2}}} = 636\,kg$$

Com 99% da velocidade da luz (297.000 km/s), sua massa será de 636 kg. Continuando, agora com 99,9% da velocidade da luz:

$$m = \frac{70}{\sqrt{1 - \frac{(0,999c)^2}{c^2}}} = 1.565\,kg$$

Com 99,9% da velocidade da luz (299.700 km/s), ele pesará uma tonelada e meia. Por fim, imagine que Flash acelere até atingir 99,99% da velocidade da luz:

$$m = \frac{70}{\sqrt{1 - \frac{(0,9999c)^2}{c^2}}} = 5.000\,kg$$

Com 99,99% da velocidade da luz (299.970 km/s), sua massa seria de cinco toneladas.

Considerando que Flash tenha 70 kg, ao passar a correr com 70% da velocidade da luz, sua massa aumentaria para 100 kg. Ao acelerar para 99,99% da velocidade da luz, sua massa seria de aproximadamente 5 toneladas; quanto mais próximo estiver da velocidade da luz, maior será sua massa, tendendo ao infinito. Com 99,99999999% da velocidade da luz, o aumento de sua massa será de 70 mil vezes[36]. Se Flash continuasse acelerando até atingir a velocidade da luz, obteria uma massa infinita. Chega-se a essa afirmativa, analisando a equação da massa relativa. Nela, se o valor de v for bem próximo ao valor de c, o resultado da divisão será bem próximo de 1, e no denominador ter-se-á um valor bem próximo de zero. Uma fração com o denominador próximo de zero terá um valor bem elevado. Quanto mais próximo de zero for esse denominador, maior será seu valor, veja o quadro:

---

[36] GREEM, B. *O universo elegante*: supercordas, dimensões ocultas e a busca da teoria definitiva. São Paulo: Cia das Letras, 2011. p. 70.

$$\frac{1}{0,1} = 10$$

$$\frac{1}{0,01} = 100$$

$$\frac{1}{0,001} = 1.000$$

$$\frac{1}{0,0001} = 10.000$$

$$\frac{1}{0,00001} = 100.000$$

Quanto menor for o denominador, maior será o resultado da fração.

Imagine que, quando o denominador for igual a zero, o valor tenderá ao infinito. Portanto, quando a velocidade de deslocamento tende à velocidade da luz, a massa tenderá ao infinito, o que é expresso pela equação:

$$lim_{v \to c} \frac{m_0}{\sqrt{1 - \frac{v^2}{c^2}}} = \infty$$

Quanto maior for a velocidade com a qual Flash estiver se deslocando, maior será sua massa, e ele precisará cada vez mais de energia para manter essa massa em movimento, e ainda mais para acelerá-la a velocidades ainda maiores. Se Flash atingir a velocidade da luz, sua massa inercial será equivalente a toda a massa do Universo. Nem todos os hambúrgueres produzidos no mundo, nem mesmo o próprio Universo, poderiam suprir a demanda energética necessária para acelerar um corpo tão massivo assim.

2.8 Energia infinita

No tópico anterior, foi visto que a massa de um corpo aumenta com o aumento de sua velocidade, e esse acréscimo não significa a ampliação da matéria presente no corpo, pois se trata do aumento de sua massa inercial. Quando mais próximo da velocidade da luz Flash estiver, maior será sua massa, e ele precisará de uma força e energia cada vez maiores para continuar acelerando. Se atingisse a velocidade da luz, sua massa passaria a ser infinita, e ele precisaria de uma infinita fonte de energia para mover seu corpo. Nem toda a energia contida no Universo lhe seria suficiente para conseguir tal feito. Essa é umas das impossibilidades para que qualquer massa atinja a velocidade da luz. Em seu livro *O Universo numa casca de noz*, o físico inglês Stephen Hawking fez a seguinte colocação:

> [...] Uma consequência muito importante da relatividade é a relação entre massa e energia. O postulado de Einstein de que a velocidade da luz deveria parecer a mesma para todos implicava que nada poderia mover-se mais rápido do que a luz. Acontece que quando a energia é utilizada para acelerar qualquer coisa, seja uma partícula, seja uma espaçonave, a sua massa aumenta, tornando ainda mais difícil acelerá-la. Acelerar uma partícula até a velocidade da luz seria impossível porque consumiria uma quantidade infinita de energia. Massa e energia são equivalentes, conforme sintetizado na famosa equação de Einstein $E=m.c^2$.[37]

Independente da atuação da aura antiatrito, a energia necessária para Flash correr em altas velocidades seria enorme e difícil de explicar de qual fonte viria. Estimativas indicam que um adulto saudável deve consumir entre 2 mil e 3 mil calorias por dia. Valor que varia de acordo com a idade, o peso, o sexo, o estilo de vida etc. Em uma hora de corrida, ou de exercícios intensos, nosso corpo pode consumir cerca da metade dessa energia. O corpo de Flash deve demandar dez, cem, ou milhares de vezes mais dessa quantidade energética, dependendo da distância que percorre. Se tiver algo que os filmes acertam, é na fome que o herói sente sempre após as suas "correrias", como retratado nas duas séries de TV protagonizada pelo herói, uma produzida nos anos 1990 e outra a partir de 2014.[38]

2.9 Um supercampo gravitacional à sua volta

No século XVII, a partir de estudos de alguns autores, como do astrônomo e físico italiano Galileu Galilei (1564-1642) e do astrônomo alemão Johannes Kepler (1571-1630), Isaac Newton propôs uma teoria para explicar as órbitas dos planetas. Segundo ele, todos os corpos que possuem massa

---

[37] HAWKING, S. *O Universo numa casca de noz*. 9. ed. São Paulo: ARX. 2002, p. 5.

[38] *The Flash*, série dirigida por James A. Contner, com duas temporadas produzidas, entre 1990 e 1991, pela CBS (TV), e *The Flash* produzida pela Warner Bros a partir de 2014.

exercem atração entre si. Essa força de atração seria gerada pela interação entre o campo gravitacional que é criado ao redor de todos os corpos. Isso não é exclusivo dos corpos celestes que possuem grandes massas, o campo de atração gravitacional é criado independentemente do valor da massa. Não é apenas a massa da Terra, você também cria esse campo e, por meio da interação entre ambos, é atraído em direção ao planeta. Pela terceira lei de Newton, como a Terra atrai você, você também exerce uma força de atração gravitacional sobre ela. Como a massa da Terra é muito grande ao compará-la à sua, o planeta praticamente não sente os efeitos dessa atração, apenas você. Foi assim que Newton explicou o movimento dos corpos celestes estudados por Kepler e a queda dos corpos, aqui na Terra, estudados por Galileu.

Para Newton, a intensidade da força gravitacional depende do produto entre as massas dos corpos e é inversamente proporcional ao quadrado da distância que os separa; ele propôs a seguinte equação:

$$F = \frac{G.M.m}{d^2}$$

(5)

em que:

F→ força de atração gravitacional entre os dois corpos;

G→ constante de gravitação universal;

M, m→ massa dos corpos;

d→ distância entre os centros de gravidade dos corpos.

A constante gravitacional **G** foi medida anos mais tarde pelo físico e químico Henry Cavendish (1731-1810). Nascido na França e possuidor de nacionalidade britânica, Cavendish foi um cientista brilhante; entre seus feitos, estão a descoberta do hidrogênio e a medição da densidade da Terra. Foi por meio de seus experimentos para determinar o valor da densidade de nosso planeta que realizou a primeira medição da constante gravitacional G, encontrando um valor com uma diferença menor que 1% do valor hoje aceito, que é de $6,67408 \times 10^{-11}$ m^3 kg^{-1} s^{-2}.

Suponha que duas pessoas de 70 kg estejam próximas, a dois metros de distância. A interação do campo gravitacional de ambas criará uma força de atração que pode ser calculada pela equação da atração gravitacional (Quadro 2.6).

> **Quadro 2.6**
>
> Duas pessoas de 70 kg, distantes em dois metros, exercem uma força de atração gravitacional entre si. Ao substituir os valores das massas, da constante gravitacional e da distância na equação (5), tem-se:
>
> $$F = \frac{66,67408.10^{-11}.70.70}{2^2}$$
>
> $$F = 8.10^{-8} N$$

Quando duas pessoas de 70 kg estão próximas a dois metros, a força de atração gravitacional exercida sobre ambas é de 8.10^{-8} N. Isso é próximo à força que se precisa fazer para segurar um grão de areia, uma força tão pequena que seus efeitos de atração não são sentidos pelos corpos envolvidos.

Imagine que, de alguma maneira, Flash conseguisse produzir energia suficiente para suprir a energia demandada para manter sua enorme massa relativa enquanto estivesse correndo muito próximo à velocidade da luz. Conforme sua massa fosse aumentando, a força gravitacional gerada por ela também aumentaria. Com uma imensa massa, ele apresentaria uma forte atração gravitacional que atrairia tudo à sua volta. Pode-se imaginar o personagem correndo e arrastando tudo atrás de si conforme se desloca. Imagine ser vizinho do Flash, com o herói correndo pelas ruas de seu bairro a carregar os postes, o asfalto das ruas, a sua casa e, até mesmo, você!! Nesse momento, você ficaria satisfeito apenas com os barulhos sônicos e o quebrar de portas e janelas que ocorreriam quando o herói estivesse ultrapassando a barreira do som correndo pelas ruas do bairro.

2.10 Uma bomba à velocidade da luz

Quando o cérebro recebe um estímulo, seja visual, auditivo ou tátil, o corpo delonga certo tempo para responder a ele. Esse intervalo de tempo é chamado de tempo de reação simples e, nos seres humanos normais, fica em torno de 200 ms, ou 1/5 de segundo. Imagine que, em sua caminhada pelas ruas do bairro, Flash identifica um obstáculo em seu caminho — pode ser um cãozinho, um muro ou, até mesmo, um prédio. Esse estímulo visual é levado até seu cérebro, que, por meio de impulsos elétricos, dará uma ordem de ação mecânica ao corpo para desviar do obstáculo. Após uma análise meticulosa do ambiente, o cérebro ainda decide qual forma de desvio é a mais vantajosa. Essa pode ser a mudança de sua trajetória para a esquerda, a direita ou um salto sobre o obstáculo. Como se pode perceber, não é nada muito simples. Essa distância que se percorre desde o momento em que se vê um obstáculo à nossa frente, ou se vê uma situação de perigo, até a conclusão de uma tomada de decisão, é chamada de distância de reação. É a distância mínima que alguém deve estar de um objeto para que seja possível desviá-lo e que não ocorra uma possível colisão. Para saber a distância de reação de um corpo em movimento, multiplica-se sua velocidade pelo tempo de reação. Se uma pessoa estivesse dirigindo um automóvel a 100 km/h, a distância de reação seria de cinco metros e meio (Quadro 2.7).

Quadro 2.7

Para saber a distância percorrida por um corpo em um movimento uniforme, multiplica-se sua velocidade pelo tempo que esteve em movimento. Para uma pessoa dirigindo a 100 km/h (27,77 m/s), sua distância de reação será:

$$d = v.t$$

$$d = \frac{100}{3,6}.0,2 = 5,5\,m\,*$$

*Aqui a velocidade foi dividida por 3,6 para passar da unidade de km/h para a unidade m/s.

O carro percorreria cinco metros e meio até o condutor decidir o que fazer para evitar uma colisão.

Correndo a 210 mil km/s, a distância de reação de Flash seria:

$$d = 210.000\,x\,0,2 = 42.000\,km$$

Correndo a 210.000 km/s, Flash deveria estar no mínimo a 42 mil quilômetros de distância de um objeto para evitar uma colisão. Isso é para deixar preocupado qualquer vizinho do herói. Porém, como todos os super-heróis possuidores de superpoderes, Flash tem uma velocidade de processamento de informações absurda. Na velocidade de 210.000 km/s, para que sua distância de reação fosse a mesma de uma pessoa viajando a 100 km/h (5,5 metros), seu tempo de reação seria de $2,6.10^{-8}$ segundo, ou 0,000000026 segundo, muito mais rápido que um piscar de olhos.

A energia que um corpo em movimento possui está relacionada com sua velocidade. Flash seria um míssil atômico correndo pelas ruas do bairro com a capacidade de provocar estragos de proporções apocalípticas. Com sua supervelocidade, o herói transportaria energia suficiente para acabar não apenas com o bairro, mas com uma cidade inteira durante uma colisão.

Quando um corpo está em repouso em relação a certo referencial, sua energia é chamada de energia de repouso (Eo); escreve-se a equação que trata da interconversão massa-energia como:

$$E_0 = m_o . c^2$$

em que $\mathbf{m_o}$ é a massa do corpo em seu estado de repouso, e essa energia que possui está encerrada na estrutura interna dessa massa. Ao entrar em movimento, a energia do corpo associada a esse movimento é denominada energia cinética, que é determinada pela relação:

$$E_c = \frac{m . v^2}{2}$$

Durante uma colisão, o corpo em movimento pode transferir parte de sua energia cinética ou a sua totalidade para o corpo com o qual acaba de colidir. Essa relação para a energia cinética é válida para corpos em baixas velocidades quando comparadas à velocidade da luz. Porém, com uma velocidade a partir de 10% da velocidade da luz (0,1c), seu efeito relativístico não pode ser desprezado, sendo necessário considerar a massa relativística (aumento da massa inercial) desse corpo. A energia total relativística de um corpo em movimento é:

$$E_t = \frac{m_0 . c^2}{\sqrt{1 - \dfrac{v^2}{c^2}}}$$

Note que nessa equação, quando a velocidade v do corpo é nula ou muito pequena, o denominador tende a 1, e tem-se E = m.c². Para velocidade acima de 10% da velocidade da luz, a energia cinética de um corpo será sua energia total relativística menos sua energia de repouso (lembre-se de que essa energia está na essência da matéria). Assim, sua energia cinética será:

$$E_c = \frac{m_0 . c^2}{\sqrt{1 - \dfrac{v^2}{c^2}}} - m_0 c^2 \qquad\qquad (6)$$

Suponha que Flash esteja em sua caminhada matinal, correndo apenas com 70% da velocidade da luz ($0{,}7c$ ou $2{,}1.10^8$m/s) e, de repente, colida com algum obstáculo bem à sua frente. Vejamos o valor de sua energia cinética no exato momento da colisão por meio da equação (6) (Quadro 2.8):

Quadro 2.8

A energia cinética que Flash possuirá correndo a 70% da velocidade da luz será:

$$E_c = \frac{70.c^2}{\sqrt{1 - \dfrac{\left(0{,}7c\right)^2}{c^2}}} - 70.c^2$$

$$E_c = 2{,}6.10^{18}\, J$$

Colidindo a 70% da velocidade da luz, Flash poderia liberar $2{,}6.10^{18}$J de energia, equivalente a um terremoto de aproximadamente 9.2 na escala Richter ou à energia de 3 milhões de bombas lançadas em Hiroshima. Flash seria uma bomba ambulante com potencial de causar grandes danos não apenas à sua vizinhança, como ao seu bairro inteiro.

2.11 Quando um ato de salvar pode ser uma catástrofe

Flash utiliza sua supervelocidade para algo muitíssimo nobre, salvar vidas. É comum ver o herói dispondo dela para acudir pessoas de uma iminente explosão ou de uma colisão com algum veículo, levando-as em grandes velocidades para um local seguro. Por conta dos efeitos da inércia, o corpo humano não suporta variações bruscas em sua velocidade. Dependendo do tempo de atuação, uma aceleração de 18 G (18 vezes a aceleração da gravidade ou 176,4 m/s^2) pode levar à morte.[39] As acelerações e desa-

---

[39] A força G é uma relação que diz quantas vezes a aceleração de gravidade está sendo exercida sobre um corpo. Exemplificando, 1G equivale à pressão aplicada ao corpo humano pela gravidade terrestre ao nível do mar. Para saber mais, veja o tópico "A força G", integrante do capítulo destinado ao Homem-Aranha.

celerações sobre nosso corpo devem ser feitas de forma gradual.[40] Pegar uma pessoa que está em repouso e acelerá-la até atingir altas velocidades, em frações de segundo, seria fatal. Essa pessoa poderia ter o pescoço quebrado ou o cérebro esmagado contra o crânio. Imagine que, em uma ação para salvar uma pessoa, Flash consiga imprimir a aceleração desejada em meio segundo (0,5s). Com a máxima aceleração de 176,4 m/s² suportada pelo corpo humano, é possível saber o valor máximo da velocidade que o Velocista Escarlate pode acelerá-lo (Quadro 2.9).

Quadro 2.9

A aceleração e a velocidade estão relacionadas pela seguinte equação:

$$\Delta v = \Delta t.a$$

em que Δt representa o tempo de 0,5 segundo que Flash gastou para acelerar o corpo de zero a 176,4 m/s². Substituindo o valor na equação anterior, tem-se:

$$\Delta v = 0,5.174,6$$

$$\Delta v = 88,2\,\frac{m}{s}\,ou\,317,5\,\frac{km}{h}$$

Durante um salvamento, Flash poderia segurar a pessoa em seus braços e acelerá-la nesse meio segundo até uma velocidade máxima próxima de 317,5 km/h. Mesmo assim, não seria uma experiência das mais agradáveis, pois o corpo da pessoa continuaria sentindo os efeitos da abrupta aceleração. Durante o salvamento, o correto seria Flash ir aumentando gradativamente sua velocidade com essa pessoa em seus braços; caso contrário, não seria um salvamento, mas um suplício. Então você já sabe, se estiver numa situação de perigo, e Flash for salvá-lo levando-o para longe na velocidade próxima à da luz, esqueça... você não sobreviverá para agradecê-lo pelo "salvamento". Algo que não se sabe explicar é como o corpo do Flash consegue suportar acelerações tão altas assim. Talvez o acidente que lhe concedeu a supervelocidade também lhe tenha dado a capacidade de adaptar seu corpo a ela. Senão, do que adiantaria alguém ganhar superpoderes, se causassem sérios danos ao seu corpo, podendo, até mesmo, lhe tirar a vida.

---

[40] Veja o tópico do capítulo destinado ao Superman "Resgatar pessoas durante a queda, seria um salvamento?" em *A Física e os super-heróis Vol. 2*.

2.12 A habilidade de escalar paredes correndo

Presencia-se a terceira lei de Newton sempre quando alguém caminha ou corre. Para dar um passo à frente, o pé que está em contato com o solo exerce uma força sobre ele para trás. Ao receber essa força, no mesmo instante, essa superfície exercerá uma força sobre o pé. Essa força será de mesma intensidade e direção, mas em sentido contrário, no mesmo sentido em que a pessoa está se movimentando, o que possibilita o deslocamento. A força de atrito forma um par "ação e reação" com a força que o pé exerce sobre o solo. Se não houvesse atrito entre os pés e a superfície, ou se ele fosse muito pequeno, no momento em que alguém fosse aplicar a força sobre a superfície, o pé escorregaria para trás, impossibilitando o movimento para frente. Os seres humanos não são os únicos que precisam do atrito para caminhar. Um carro só se move por conta do atrito entre os pneus e a superfície na qual está em movimento. Sem sua presença, ou se ele for muito pequeno, os pneus ficam girando em torno de seu eixo sem ocorrer o movimento do carro. Esse fenômeno é muito comum em pistas molhadas, denominado aquaplanagem. Outra força que a superfície exerce sobre os pés ao caminhar é chamada de "força normal", sempre perpendicular (faz um ângulo reto) à superfície de contato. A força normal também se origina de acordo com a terceira lei de Newton. Quando se está de pé sobre uma superfície, exerce-se sobre ela uma força vertical direcionada para baixo, que está relacionada ao peso. Por sua vez, a superfície exercerá uma força de reação a essa, que será aplicada sobre os pés, também verticalmente, só que direcionada para cima, essa é a força normal.

A força de atrito que uma superfície exerce sobre um corpo depende da força normal e do coeficiente de atrito, que é característico das superfícies dos corpos em contato. A força de atrito (chamada de F_{at}) é dada pela relação:

$$F_{at} = \mu\, N$$

em que μ é o coeficiente de atrito, e N é a força normal. A força de atrito será sempre proporcional à força normal; como essa é proporcional ao peso, a força de atrito também será proporcional ao peso do corpo que se desloca sobre a superfície.

Ao contrário da força normal, que sempre será perpendicular à superfície, a força peso sempre atuará na direção do centro da Terra. Com isso, em um plano inclinado, essas duas forças não mais terão a mesma direção (Figura 2.3).

Figura 2.3 – Representação das forças que atuam sobre um bloco quando está em uma superfície horizontal e em uma superfície inclinada. Nessa última, a força de atrito diminui com o aumento da inclinação.

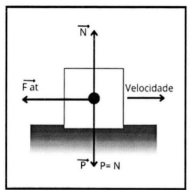 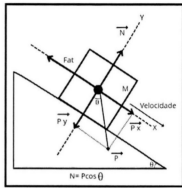

Fonte: Letícia Machado

Quanto maior for o ângulo de inclinação dessa superfície, menor será a força que os corpos aplicam sobre ela. Consequentemente, menor será a força de reação que essa superfície exercerá sobre o corpo que esteja sobre ela, assim menor será a força normal. A força de atrito terá seu valor máximo quando a superfície estiver na horizontal. Seu valor será menor nas superfícies inclinadas e diminuirá conforme a inclinação for aumentando, até se anular quando a angulação da superfície for igual ou maior a 90º ou quando o corpo perder contato com ela. Quando Flash está, literalmente, subindo pelas paredes, não existe qualquer componente da força peso com a superfície vertical (parede). Por conta disso, não existe a força normal nem qualquer atrito entre seus pés e essa superfície. Sem a força de atrito para propiciar o movimento para frente, seu movimento ascendente seria impossível. Quando Flash iniciasse a subida pela parede, fazendo uma força com os pés sobre ela para baixo, ele escorregaria, podendo ocorrer uma bela colisão de seu rosto contra a parede.

Para que fosse possível toda a correria do herói sobre as paredes, seus pés deveriam ter algum tipo de "aura antiatrito" ao inverso, algo que, ao invés de eliminar, criasse algum tipo de atrito. Já foi visto que seu corpo possui uma aura que elimina o atrito com o ar, possibilitando que ele corra em altíssimas velocidades sem entrar em combustão, mas, se essa aura atuasse sobre seus pés, ele não conseguiria caminhar, escorregaria sempre que tentasse dar um passo. Talvez, essa aura antiatrito aja de modo inverso sobre seus pés, criando certa força de coesão quando está escalando paredes. Outra alternativa seria a possibilidade de o herói comprimir seu corpo contra a parede, exercendo sobre ela uma força horizontal com os pés. A parede reagiria, exercendo sobre ele uma força oposta perpendicularmente à superfície, a força normal. Com essa componente, o atrito entre seus pés e a parede reapareceria, possibilitando sua escalada.

2.13 Correr sobre as águas

Devido à sua grande velocidade, Flash possui a capacidade de correr sobre as águas, algo pouco comum no reino animal. Algumas espécies de insetos, répteis e aves conseguem correr sobre superfícies líquidas e, até mesmo, flutuar, mas eles contam com toda uma estrutura evolutiva que trouxe adaptações em seus corpos, como baixa densidade óssea, membranas que unem os dedos, peso mínimo, entre outros. Nos grandes animais terrestres, essa habilidade foi suprimida durante o desenvolvimento evolutivo, que deu toda uma estrutura óssea densa, deixando os corpos bem pesados. Para esses animais, incluindo o ser humano, ficar parado sobre as águas apenas com o apoio dos pés é algo impossível, assim como caminhar sobre elas. Porém, correr não é algo tão irrealizável, não apenas para os animais, mas também para os seres humanos, apesar de improvável no caso humano.

Alguns insetos, mesmo sendo mais densos que a água, conseguem pousar sobre sua superfície e ficar parados sobre ela, como se estivessem flutuando. O que permite isso é uma fina película que se forma na superfície dos líquidos, a partir de um fenômeno, denominado de "tensão superficial" (Figura 2.4), que funciona como uma membrana elástica. Sempre que o peso do inseto for menor ou igual às forças resultantes da tensão superficial, ele conseguirá pousar ou, até mesmo, se locomover sobre sua superfície.

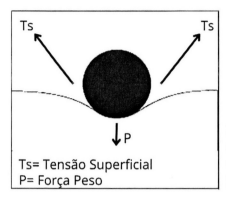

Figura 2.4 – Exemplificação das forças de tensão superficial que atuam em um corpo que está sobre a superfície de um líquido
Fonte: Letícia Machado

Entenda como a tensão superficial é formada. As moléculas da água estão a todo instante exercendo forças de atração umas sobre as outras. No interior de um líquido, essas forças agem em todas as direções sobre as moléculas, por baixo, por cima, pelos lados, em diagonal, o que equilibra a atração entre elas. Sobre as moléculas localizadas na superfície do líquido, esse equilíbrio é rompido, pois não existem outras acima delas para exercer forças de atração. Assim, elas são atraídas apenas pelas moléculas que estão ao redor e logo abaixo de cada uma, acarretando uma força resultante direcionada para baixo. Com isso, há uma contração na superfície do líquido, originando a tensão superficial (Figura 2.5). As moléculas que ali estão se comportarão como uma película. Graças à tensão superficial, é possível colocar agulhas ou lâminas de barbear flutuando sobre as águas.

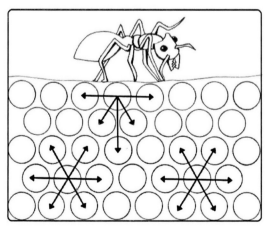

Figura 2.5 – Representação da tensão superficial originada nos líquidos por uma força resultante vertical e direcionada para baixo que atua sobre as moléculas que estão mais próximas da superfície
Fonte: Letícia Machado

Quando um corpo está, parcial ou totalmente, imerso em um fluido, o líquido exerce sobre ele uma força denominada *empuxo*. Essa força sempre apresentará sentido vertical e será direcionada para cima, se opondo à força peso, fazendo com que, dentro da água, os corpos pareçam mais leves. Esse "peso aparente" (P_{ap}) dos corpos é dado pelo seu peso menos o empuxo:

$$P_{ap} = P - E$$

Existem alguns animais que, mesmo seu peso rompendo a película formada pela tensão superficial, conseguem correr sobre as águas, como o basilisco (*Basiliscus basiliscus*), apelidado de lagarto Jesus Cristo. Para conseguir tal proeza, inicialmente ele bate as patas contra a superfície da água. A força exercida por ele sobre o líquido rompe a tensão superficial, fazendo com que suas patas afundem levemente. O empuxo que a água aplica sobre suas patas não é suficiente para evitar que afunde, assim vem seu próximo movimento. Ele empurra a água diagonalmente para baixo e para trás, gerando sobre seus pés uma força contrária que o impulsiona para frente, mantendo-o por poucos instantes sem afundar. Quando o lagarto empurra a água com os pés, uma cavidade de ar é formada, e, antes que seja ocupada pela água, ele retira suas patas, dando o próximo passo. A formação da cavidade de ar é importante, pois, ao mover seus pés, o animal gera um arrasto menor sobre o ar em relação à água. Contudo, para conseguir correr sobre as águas, ele precisa de uma combinação perfeita de anatomia das patas traseiras e de velocidade. O lagarto possui dedos bem alongados com uma membrana entre eles que ajuda na melhor distribuição de seu peso sobre a superfície líquida. Ele consegue desenvolver uma velocidade de 1,5 m/s, ideal para que lhe possibilite a locomoção.[41]

Para que um ser humano pudesse correr sobre as águas, seria necessária uma combinação perfeita entre seu peso, a área de seus pés e sua velocidade. A velocidade deveria ser alta o suficiente para compensar a reduzida área dos pés, comparada ao peso do corpo. Para que uma pessoa de peso médio conseguisse correr sobre as águas, deveria bater seus pés na superfície a uma velocidade entre 108 km/h e 133 km/h, isso lhe daria uma velocidade vertical de 98 km/h.[42] O homem mais rápido do mundo,

---

[41] Estas são as seguintes referências sobre o lagarto Jesus:

ROACH, J. Whether Jesus Christ walked on water is best left to biblical scholars – but scientists now know how so-called Jesus lizards manage the feat. *National Geographic*, 2004. Disponível em: https://www.nationalgeographic.com/animals/article/news-jesus-lizards-basilisks-walk-water. Acesso em: 2 fev. 2023.

SHARP, N. The Basilisk Lizard. *FYFD*, 2016. Disponível em: https://fyfluiddynamics.com/2016/02/one-of-the-most-famous-water-walking-creatures-is/. Acesso em: 2 fev. 2023.

[42] MINETTI, A. E. *et al*. Humans Running in Placeon Waterat Simulated Reduced Gravity. *PLoS ONE*, [*S. l.*], 18 jul. 2012.

Usain Bolt, famoso velocista jamaicano, consegue correr até 37,8 km/h, muito aquém da mínima velocidade necessária. Porém, Flash, que atinge velocidades muito superiores a essa, poderia tranquilamente atravessar os oceanos correndo sobre as águas.

CAPÍTULO 3

HOMEM-ARANHA

O Homem-Aranha foi criado pelo editor estadunidense Stan Lee (Stanley Martin Lieber, 1922-2018) e por seu compatriota, o escritor Steve Ditko (Stephen J. Ditko, 1927-2018). Sua primeira aparição ocorreu, em 1962, na *Amazing Fantasy #15*. Peter Parker foi caracterizado por seus criadores como um adolescente órfão, estudante dedicado de ciências, criado e educado por seu casal de tios, May e Ben, em Nova Iorque. Sua trama começa quando ele visita uma exposição científica em um laboratório que fazia estudos sobre radioatividade, onde é picado acidentalmente por uma aranha radioativa. Isso desencadeia uma série de mutações em seu corpo, fazendo com que adquira superforça e atributos de um aracnídeo, como a capacidade de andar pelas paredes e tetos. Ele cria seu traje especial e, com sua habilidade inata para ciências, desenvolve dispositivos que complementam seus poderes, como um lançador de teias. Em algumas versões, o herói lança suas teias por um orifício em seu pulso resultante das mutações genéticas que sofreu.

Parker é um adolescente de poucos amigos, sofre "bullying" constantemente dos colegas na escola e nas festas da turma. Ele vê, em seus novos poderes, uma oportunidade de ser popular, mesmo que anonimamente, buscando fama e fortuna, tornando-se uma estrela de televisão, participando de torneios de luta livre. Sua vida começa a dar uma reviravolta quando se recusa a ajudar um policial a deter um ladrão em fuga. Mais tarde, esse mesmo ladrão assalta e mata seu tio Ben. Peter consegue capturar o assassino e, com essa terrível lição, dedica-se a combater o crime, passando a ser conhecido como Homem-Aranha. Entre outras de suas habilidades, estão a melhoria de seus reflexos e de sua agilidade, o aumento da força física, a capacidade de escalar paredes e o chamado "sentido aranha", que lhe alerta dos perigos. Muitas dessas habilidades assemelham-se às que de fato as aranhas possuem, vamos ver toda a ciência, em especial a Física, que acompanha o herói aracnídeo.

3.1 Poderia uma "frágil" teia de aranha ser uma arma poderosa?

Em suas histórias, Peter Parker é retratado como um estudante ao estilo nerd e com grandes habilidades na área de ciências. Isso é comprovado pelo fato de um simples colegial ter criado algo que, há décadas, é objeto de estudo dos cientistas: a teia de aranha. Ela despertou o interesse da ciência, pois, além de ser um dos materiais mais resistentes na natureza, é bem flexível e suporta forças de grande intensidade ao ser tensionada, o que também lhe concede alta capacidade de absorção de energia. Sua fragilidade só é aparente por conta de sua dimensão, podendo ser dezenas ou centenas de vezes mais fina que um fio de cabelo humano. A teia das aranhas é um líquido gel de proteínas que fica armazenado no interior de seu organismo e é produzida por glândulas especiais, chamadas sericígenas. Ao ser ejetada pelo abdômen, solidifica-se ao entrar em contato com o ar, tornando-se fios de seda. Sua espessura depende da espécie e do objetivo para o qual o fio foi expelido. De acordo com a necessidade, as aranhas podem produzir fios mais ou menos resistentes, variando suas dimensões (espessuras). Os fios que servem às aranhas para se segurarem ao descer de algum local e os que servem para a base das teias são mais espessos e resistentes, sendo extremamente fortes e flexíveis. Já os fios usados para tecer o tipo de bolsa onde os ovos são depositados são mais finos. Quando comparados com o mesmo diâmetro de um fio de aço, as teias podem suportar uma força cinco vezes maior e ainda são bem leves e mais flexíveis que o nylon. Também são mais resistentes do que o kevlar, uma fibra sintética utilizada na fabricação de coletes à prova de bala. Por essas características, são objeto de estudo dos cientistas que tentam criar artificialmente algum material parecido, até agora sem sucesso. Além de toda a genialidade para desenvolver um material assim, Peter teve que criar os lançadores. Esses teriam de ser tão sofisticados quanto as próprias teias, com a capacidade de lançá-las em grande velocidade e em diferentes formatos.

Assim como as aranhas, que, de acordo com a função desejada, podem produzir diferentes tipos de teias, o Homem-Aranha pode lançar uma variedade delas, como em forma de fio para se locomover ou em um tipo de rede para prender malfeitores. Uma das maiores qualidades da teia de aranha é sua grande resistência, por isso pode ser uma poderosa arma para o herói aracnídeo. O diâmetro médio dos fios é de 0,15 micrômetros (μm). Um micrômetro é um milionésimo de metro, ou, 0,000001 m (1×10^{-6} m), algo imperceptível a olho nu. Nossos olhos só conseguem identificar objetos a partir de algo ao entorno de 100 μm de diâmetro. Só enxergamos muitos desses fios de teia graças à interação da luz incidente sobre eles, que pode ser a solar ou de alguma outra fonte. Se esses fios tivessem a espessura de um lápis, seriam capazes de fazer parar um Boeing 747[43] em pleno voo, tamanha sua resistência.

3.2 Escalando paredes

Falar em animais que andam pelas paredes e tetos, para muitas pessoas, causa pensamentos pavorosos, pois logo vêm à memória imagens aterrorizantes de baratas, lagartixas e aranhas. Assim como esses animais, Peter possui a habilidade de vencer a força gravitacional, denegando o ditado popular de que, se algo subir, tem que descer. Na maioria dos animais que conseguem tal façanha, como as aranhas e lagartixas, suas patas são formadas, em sua superfície, por milhões de pequenos pelos. Também chamados de cerdas, são eles os responsáveis pela proeza. Em proporção microscópica, essas cerdas se subdividem em outras formadas por centenas de filamentos ainda menores. Quando as patas são encostadas em uma superfície, há um deslocamento de elétrons entre os átomos desses minúsculos filamentos e os átomos da superfície. Isso gera uma força de atração intermolecular chamada de força de Van der Waals, que é a responsável por manter a pata unida a superfície. Quando essa força é maior do que a força gravitacional que atua sobre os animais, é possível sua locomoção em superfícies verticais. A força de Van der Waals depende da área de contato e da quantidade de cerdas; quanto maiores forem, maior será a força de atração. As aranhas precisam de apenas 1% de sua área corporal coberta pelas cerdas para conseguir sustentar seu peso e prender-se a paredes e tetos. Em relação a essas estruturas existentes nas patas dos aracnídeos, o filme *Homem-Aranha* (*Spider-Man*, 2002)[44] demonstrou isso muito bem, na cena em que Peter, ao descobrir seus poderes, nota que seus dedos e mãos passaram a ficar cobertos por esses minúsculos filamentos.

Quanto maior e mais pesado for um corpo, maior será a quantidade de cerdas para que consiga fixar-se nas superfícies, assim como maior será a área corporal coberta por elas. As lagartixas estão entre os animais mais pesados com a capacidade de caminhar na posição vertical ou no teto. Elas precisam de algo em torno de 4% da área de seu corpo coberto pelas cer-

---

[43] Referências a esses dados encontram-se no tópico "Suas teias poderiam parar um trem desgovernado?".

[44] SPIDER-MAN. Direção: Sam Raimi. Estados Unidos: Sony Pictures, 2002. 1 DVD (121 min).

das em contato com a superfície. Estudos realizados pela Universidade de Cambridge[45] sugeriram que, se conseguíssemos produzir uma substância com essa propriedade, uma pessoa de 80 kg deveria ter 40% da superfície de seu corpo coberta por essas cerdas para andar se arrastando pelas paredes ou se fixar nos tetos. Para que o Homem-Aranha pudesse realizar tal feito, deveria ter, aproximadamente, 80% da área da frente de seu corpo completamente coberta por esses filamentos e precisaria unir toda essa área coberta à superfície que queira se fixar, e não apenas as mãos. Como sabemos que isso não ocorre, o que podemos imaginar é que as cerdas presentes nas mãos de Peter são capazes de exercer forças de atração muito maiores em comparação a esses filamentos presentes nas aranhas comuns. Desse modo, ele poderia ter uma área menor de seu corpo coberto por elas e, até mesmo, ficar suspenso ao teto pelos pés. Desde que tivesse esses minúsculos pelos presentes também em sua sola.

Quando Peter está vestido com o uniforme do Homem-Aranha, surge a questão: como consegue fixar-se às paredes com as mãos e os pés cobertos, sem o contato entre as cerdas e a superfície? O máximo que ele conseguiria seria a fixação de suas mãos e pés em seu próprio uniforme. Portanto, podemos imaginar que em seu uniforme há milhares de minúsculas aberturas por onde os pelos saem; eles devem ser longos o suficiente para atravessar a espessura do material do qual o uniforme é formado. Também pode-se imaginar que Peter pode ejetar as cerdas e guardá-las quando quisesse. Sem isso ficaria preso a todo e qualquer objeto que entrasse em contato com as mãos. Situação essa bem explorada na animação *Homem-Aranha: Através do Aranhaverso* (*Spider-Man: into the Spider-Verse*).

3.3 O sensor aranha

Outra habilidade que Peter adquire ao ser picado pela aranha radioativa é o "sentido aranha", uma espécie de sexto sentido que o alerta de um perigo à espreita. Essa capacidade de detectar uma ameaça iminente proporciona ao herói grande vantagem sobre seus oponentes, e dela encontram-se características similares nas aranhas. Os aracnídeos também possuem a capacidade da percepção dos acontecimentos ao seu redor, com um dos sistemas sensoriais mais completos do reino animal. Esses sentidos devem-se à grande

---

[45] WHY Spider-Man can't exist: Geckos are 'size limit' for sticking to walls. *University of Cambridge*, 2016. Disponível em: https://www.cam.ac.uk/research/news/why-spider-man-cant-exist-geckos-are-size-limit-for-sticking-to-walls. Acesso em: 6 fev. 2023.

quantidade de pelos que cobrem a superfície de seus corpos. Eles atuam como "antenas" sensoriais, detectando variações e captando informações no ambiente em sua volta. Em algumas espécies, essa capacidade sensorial é utilizada para capturar presas no escuro, substituindo, e muito bem, a visão. A quantidade de pelos em seus corpos pode ultrapassar o número de 40.000 por cm^2, com cada um conectado por três células sensoriais, as quais possuem a função de transmitir ao sistema nervoso central, por meio de impulsos elétricos, os estímulos e as informações captados do ambiente por intermédio dos pelos espalhados no corpo do animal. Algumas espécies de aranha podem sentir o movimento de algo até três metros de distância, apenas pela variação da pressão no ambiente ao seu redor, utilizando-se dessa capacidade também para sua defesa. Os seres humanos possuem uma média de apenas 60 pelos por cm^2, com cada um conectado a apenas uma célula sensorial. Com isso, os pelos de nossos corpos não são tão eficientes na função de captar as informações e enviá-las ao cérebro. Eles nos dão uma menor noção do que ocorre no ambiente onde estamos e, intuitivamente, do que poderá ocorrer.

Os pelos sensoriais dos aracnídeos são tão sensíveis que uma força de apenas 0,000001 Newton é suficiente para desencadear esse eficiente mecanismo de detecção de estímulos[46]. É como se pudéssemos sentir um objeto de apenas 0,0001 grama sobre nossa pele. As aranhas conseguem sentir algo mesmo antes de serem tocadas, apenas captando a variação da pressão do ar causada pelos objetos indo ao seu encontro. Por isso, é tão difícil você acertar aquela chinelada em uma aranha quando se aproxima dela. Para que o Homem-Aranha pudesse se aproveitar de todo esse arsenal sensorial, deveria ter 700 vezes mais pelos por cm^2 em seu corpo. Cada um deles deveria estar ligado a pelo menos três nervos que fariam a comunicação com o cérebro, e não apenas um, como ocorre nos seres humanos. Uma alternativa seria de, mantendo a média de 60 pelos por cm^2, cada um ser ligado não por uma, mas por 2 mil células sensoriais, que estariam a todo momento enviando informações ao cérebro, num complexo e eficiente mecanismo de defesa que ele teria a seu favor.

---

[46] OS SEGREDOS do "sentido aranha". *Revista Questão de Ciência*, 2019. Disponível em: https://www.revistaquestaodeciencia.com.br/questao-nerd/2019/01/21/os-sentidos-do-sentido-de-aranha. Acesso em: 6 fev. 2023.

3.4 Sua teia poderia parar um trem desgovernado?

No filme *Homem-Aranha 2* (*Spider-Man 2*, 2004) [47], temos um dos momentos mais marcantes da trilogia de Sam Raimi, com o herói parando um trem fora de controle com o auxílio de suas teias. Na cena, vemos o Dr. Octopus acelerando o veículo ao máximo e, em seguida, arrancando a alavanca de freios para que não fosse possível desacelerá-lo. O trem passa a seguir desgovernado por uma linha férrea ainda em construção que termina em uma grande queda para um rio. Para evitar que o trem caia ao fim dos trilhos rompidos, localizado na parte frontal do veículo, o Homem-Aranha atira suas teias fixando-as nos prédios ao redor. Desse modo, ele consegue encerrar o movimento do trem, evitando a catástrofe. Na cena do filme que retrata o início da aceleração do trem, aparece seu velocímetro marcando a velocidade de 128 km/h (80 mph[48]) e aumentando rapidamente. O velocímetro também indica que a velocidade máxima que o trem pode atingir é de 193 km/h (120 mph). Podemos calcular a força efetuada pelo Homem-Aranha por meio de suas teias para conseguir frear por completo o trem, cessando seu movimento. Para isso, serão utilizados alguns dados que constam no artigo "Doing Whatever a Spider Can"[49] (Fazendo tudo o que uma aranha pode), publicado no *Journal of Physics Special Topics*. Considere que, no início da tentativa de pará-lo, o trem já está em sua velocidade máxima de 193 km/h. O referido estudo informa que o trem do metrô de Nova Iorque, cidade tutelada pelo Homem-Aranha, é composto por quatro vagões R160, cada um com 38.600 kg e capacidade para 246 pessoas. Como na cena todos os vagões estão cheios, os autores consideraram uma ocupação máxima de 984 pessoas. Utilizando como média uma massa de 70 kg por passageiro, a massa total do trem mais a dos passageiros daria aproximadamente 223.280 kg. No Quadro 3.1, é determinada a força despendida pelo herói para encerrar o movimento do trem. Quem não tem interesse pelos cálculos pode pular os quadros, pois, sempre após a eles, será apresentado um resumo dos resultados alcançados.

---

[47] SPIDER-MAN 2. Direção: Sam Raimi. Estados Unidos: Sony Pictures, 2004. 1 DVD (127 min).

[48] Mph é uma abreviação de milha(s) por hora, unidade de medida para velocidades utilizada em alguns países, como os Estados Unidos e a Inglaterra.

[49] BRYAN, M.; FOSTER, J.; STONE, A. Doing whatever a spider can. *Journal of Physics Special Topics*, [S. l.], 31 out. 2012. Disponível em: https://journals.le.ac.uk/ojs1/index.php/pst/article/view/2070/1973?acceptCookies=1. Acesso em: 7 fev. 2023.

Quadro 3.1

É definido como o momento linear de um corpo em movimento, também chamado de quantidade de movimento (Q), o produto de sua massa por sua velocidade. A quantidade de movimento é uma grandeza essencial para o estudo da transferência de energia entre corpos que estão em interação e é dado pela relação:

$$Q = m.v \qquad (1)$$

Pode-se calcular a quantidade de movimento do trem ao estar em sua velocidade e capacidade de lotação máxima. Pela equação (1), em que m representa a massa total do trem, e v, sua velocidade máxima na unidade em m/s, tem-se:

$$Q = 223.280 \, x \, 53,6$$

$$Q = 11.967.808 = 1,2.10^7 \, kg.\frac{m}{s}$$

A quantidade de movimento será de $1,2.10^7 \, kg.\frac{m}{s}$. Quando uma força F atua em um corpo durante um determinado intervalo de tempo Δt, o produto dessas duas grandezas é definido como *impulso*. O impulso aplicado sobre um corpo é dado por:

$$I = F.\Delta t \qquad (2)$$

Da segunda lei do movimento de Newton, pode-se extrair a informação de que a variação na quantidade de movimento de um corpo é igual ao impulso da força resultante que atua sobre ele:

$$I = \Delta Q$$

$$I = Q_{final} - Q_{inicial} \qquad (3)$$

Quando o trem encerra seu movimento, sua quantidade de movimento é nula, assim Q_{final} é igual a zero, substituindo os valores em (3), tem-se:

$$I = 1,2.10^7 - 0 = 1,2.10^7 \, N.s$$

Na cena do filme em análise, pode-se estimar que o trem para em 40 segundos, substituindo esse valor na equação (2):

$$1,2.10^7 = F.40$$

$$F = \frac{1,2.10^7}{40}$$

$$F = 3.10^5 \; ou \; 300.000 \, N$$

A força que o Homem-Aranha deveria exercer com suas teias para desacelerar o trem de 223.280 kg, a 193 km/h, até pará-lo por completo, seria de aproximadamente 300.000 N, uma força descomunal. Desse episódio, podemos observar que o acidente que conferiu ao herói aracnídeo alguns de seus poderes, deu-lhe a capacidade de aplicar uma força sobre-humana, assim como uma enorme resistência física para seu organismo.

Aqui se considera que, para seus lançadores, Peter Parker conseguiu reproduzir o mesmo material, ou um outro muito parecido, ao das teias de aranha. A questão que surge é a seguinte: será que essas teias poderiam suportar a tamanha intensidade da força necessária para encerrar o movimento do trem sem serem rompidas? No site Ed Nieuwenhuys[50], destinado ao catálogo de aranhas europeias e australianas, encontra-se o estudo "How thick should a spider silk thread be to stop a Boeing-747 in full flight?"[51] (Qual deve ser a espessura de um fio de seda de aranha para parar um Boeing-747 em pleno voo?), o qual conclui que uma teia de aranha da espessura de um lápis e com um quilômetro de comprimento seria suficiente para parar um Boeing-747 de 180 toneladas, voando a 1.080 km/h (300 m/s). Para o cálculo, os autores levaram em consideração a tensão média de ruptura da teia de três diferentes espécies de aranhas para um fio de um quilômetro de extensão. O estudo ainda afirma que o avião percorrerá 300 m até parar. A partir desses dados fornecidos, pode-se calcular a força que a teia exercerá sobre o Boeing para encerrar seu movimento (Quadro 3.2), e com ela comparar a força de 300.000 N necessária para parar o trem desgovernado e concluir se o Homem-Aranha de fato poderia pará-lo sem romper as teias.

---

[50] Disponível em: https://ednieuw.home.xs4all.nl/. Acesso em: 7 fev. 2023.

[51] Disponível em: https://ednieuw.home.xs4all.nl/Spiders/Info/SilkBoeing.html. Acesso em: 7 fev. 2023.

A FÍSICA E OS SUPER-HERÓIS

Quadro 3.2

Para determinar a força que a teia exercerá sobre o Boeing para encerrar seu movimento, primeiramente deve-se calcular a desaceleração que ela imprimirá sobre a aeronave, utilizando a equação de Torricelli[52]. Nela a velocidade inicial v_i do trem será 300 m/s, e a distância percorrida ΔS até encerrar seu movimento será de 300 m:

$$V^2 = V_i^2 + 2.a.\Delta S$$

$$0 = 300^2 + 2.a.300$$

$$0 = 90.000 + 600a$$

$$a = -150\frac{m}{s^2}$$

Agora, calcula-se o tempo para encerrar seu movimento utilizando a equação que relaciona a variação da velocidade com o tempo. Nela a desaceleração do trem é representada pelo sinal negativo:

$$V = V_i + a.t$$

$$0 = 300 - 150.t$$

$$t = 2s$$

Por fim, calculamos a força que a teia exercerá sobre o Boeing. Das equações (2) e (3), temos:

$$I = \Delta Q = F.\Delta t$$

$$m.v = F.\Delta t$$

Substituindo os valores da massa, da velocidade e do tempo na relação anterior, tem-se:

$$180.000 \, x \, 300 = 2.F$$

$$F = 27.000.000 \, N \, ou \, 27.10^6 \, N$$

Uma teia de aranha de mil metros de extensão e das dimensões de um lápis poderia suportar uma força de 27.10^6 N sem se romper. Pode-se

---

[52] Sobre a equação de Torricelli, ver, no capítulo destinado ao Superman, o tópico "O supersalto".

concluir que, nas mesmas condições (fio com um quilômetro de extensão e da espessura de um centímetro), um único fio de teia poderia, sim, sem se romper, suportar a força de 3.10^5 N (300.000 N) necessária para encerrar o movimento do trem. É verdade que, na cena do filme em análise, a extensão das teias expelidas pelos lançadores do Homem-Aranha é menor que um quilômetro. Porém, para parar o trem, o Homem-Aranha não lança apenas um fio, são lançados oito fios de sustentação nos prédios ao redor.

Um ponto a ser notado é que o trem não para abruptamente, mas sim de forma gradual, conforme os fios vão se distendendo, ao absorver a energia cinética do trem. Essa flexibilidade é uma importante característica dos fios de seda das aranhas. Eles podem ser esticados entre 30% e 40% de seu comprimento sem se romper. Em comparação com o nylon, o material sintético suporta apenas 20% de estiramento, a seda das aranhas leva ampla vantagem em relação à capacidade de absorção de energia.

3.5 A morte de Stacy

Gwendolyn Maxine Stacy, ou apenas Gwen Stacy, teve sua estreia, em 1965, na revista *Amazing Spider-Man # 31* como o primeiro caso amoroso de Peter. O relacionamento do casal tem características de um belo drama de amor. Ela é uma linda jovem popular na Universidade em que estudavam e pertencia a uma classe social relativamente alta. Ele, um nerd de poucos amigos, que levava uma vida humilde tendo que trabalhar para se sustentar e cuidar de sua tia doente. Porém, esses aparentes obstáculos não foram suficientes para que Stacy se tornasse o grande amor de Peter. O relaciona-mento do herói com a jovem amadurece conforme o desenvolvimento da história pelos roteiristas, até chegar ao ponto em que começam a planejar o casamento. A partir disso, foi resolvido que seria dado um fim na relação de Peter e Stacy, originando um marco nas histórias em quadrinhos. Em 1977, foi lançada a história "A Noite em que Gwen Stacy Morreu" ("The Night Gwen Stacy Died") em *The Amazing Spider-Man #121-122*, que retrata a morte da jovem no decorrer de um confronto entre o herói aracnídeo e um dos vilões de suas histórias, o Duende Verde. Durante um duelo com o Homem-Aranha, o Duende agarra Stacy, leva-a pelo ar e a solta do alto da ponte George Washington (na arte dos quadrinhos foi representada como a Ponte do Brooklin). Durante a queda, o herói lança sua teia sobre o corpo de Stacy em um aparente resgate. Ao puxá-la e tê-la em seus braços, per-cebe que a jovem está morta, com o pescoço quebrado por conta da parada súbita que seu corpo sofreu ao ser atingido pelas teias. A história impactou profundamente a comunidade de quadrinhos estadunidense. Pela primeira vez, foi retratada a morte de um personagem importante e, ainda mais trágico, causada pelo próprio herói. Isso numa época em que os super-heróis eram vistos como seres quase infalíveis, representantes do triunfo da luta do bem contra o mal. Essa cena foi reproduzida no filme *O Espetacular Homem-Aranha 2: A Ameaça de Electro*[53], em que o herói lança sua teia que acerta a região do abdômen de Stacy, provocando a brusca desaceleração. Na cena do filme, não fica claro se isso foi a causa da morte da personagem ou se houve o impacto de seu corpo com o chão durante a distensão da teia.

É possível fazer alguns estudos desse trágico episódio dos quadrinhos para concluir se realmente a jovem não sobreviveria à tentativa de salvamento. Para isso, consideremos que Stacy seja jogada pelo Duende Verde da ponte George Washington de uma altura de 100 m. Fazendo uma análise da arte retratada nos quadrinhos em que narra o episódio, aparentemente, ela foi atingida pelas teias na metade da trajetória. Assim se infere que tenha sido resgatada após percorrer 50 metros de queda.

Todo corpo que se encontra a certa altura em relação a um ponto de referência possui energia potencial gravitacional (E_g). Essa energia é oriunda da atração gravitacional que a Terra exerce sobre os corpos, sendo representada por:

$$E_g = m.g.h$$

em que,

m→ massa do corpo;

g→ aceleração da gravidade;

h→ altura que o corpo se encontra em relação a um nível de referência.

Quando um corpo está em movimento, possui energia associada a essa velocidade, chamada de energia cinética (E_c), sendo representada por:

$$E_c = \frac{m.v^2}{2}$$

---

[53] THE AMAZING Spider-Man 2. Direção: Marc Webb. Estados Unidos: Sony Pictures, 2014. 1 DVD (141 min).

A Termodinâmica é uma das divisões da Física que estuda a troca de energia entre sistemas macroscópicos; é dividida em quatro leis[54]. A primeira lei da Termodinâmica tem seus fundamentos no Princípio da Conservação da Energia, o qual nos diz que, na ausência de forças dissipativas, a energia de um sistema permanecerá constante; não é criada nem destruída, apenas transformada em outros tipos de energia.

Considere uma situação na qual você esteja segurando uma moeda na altura do seu rosto. Nessa posição, como a moeda encontra-se a uma certa altura em relação ao solo, possui energia potencial gravitacional em relação a ele. Ela não terá energia cinética, pois sua velocidade, também em relação ao solo, é nula. Agora suponha que você solte a moeda colocando-a em movimento. Conforme ela cai, sua posição em relação ao solo diminui, isso quer dizer que sua energia potencial gravitacional vai diminuindo nesse movimento de queda. Quando um corpo está em queda livre, sua velocidade vai aumentando no decorrer do tempo por conta da ação da força gravitacional, de igual modo sua energia cinética também vai aumentando. Na situação apresentada, temos a energia gravitacional diminuindo, e a energia cinética aumentando. Desconsiderando eventuais dissipações de energia por conta do atrito com o ar, essa energia potencial que diminui não é perdida, mas vai se transformando em energia cinética. Ao tocar o chão, toda a energia gravitacional presente momentos antes do início da queda terá se convertido em cinética. Isso quer dizer que, em valor, a quantidade de energia gravitacional que a moeda tinha na altura do rosto é a mesma quantidade de energia cinética que ela terá ao atingir o solo. Podemos calcular a velocidade com a qual a moeda chega ao chão, bastando para isso igualar a energia potencial na altura do rosto e a energia cinética da moeda momentos antes de chocar-se contra o chão, como na relação a seguir:

$$E_g = E_c$$

$$m.g.h = \frac{m.v^2}{2} \qquad (4)$$

---

[54] Sucintamente, nas quatro Leis da Termodinâmica, temos: Lei Zero, associada ao conceito de temperatura. A primeira lei está relacionada ao conceito de energia. A segunda está associada ao conceito de entropia. A terceira está relacionada ao limite mínimo da entropia em sistemas nos quais a temperatura Kelvin se aproxima de zero.

Desconsiderando eventuais perdas de energia por conta do atrito com o ar durante a queda, utiliza-se o princípio da conservação da energia para determinar a velocidade de Stacy no momento em que é atingida pela teia. Também será encontrada a desaceleração imposta a ela nessa parada repentina (Quadro 3.3).

Quadro 3.3

De início faremos algumas considerações:

- Gwen Stacy possui uma massa de 50 kg;

- Ao ser solta pelo Duende Verde do alto da ponte, o vilão "abandona" seu corpo, isso quer dizer que inicia o movimento de queda com velocidade nula;

- Adota-se para a aceleração da gravidade o valor aproximado de g = 10 m/s²;

- Toma-se como referência para a energia gravitacional o instante em que foi atingida pela teia, a posição de 50 m acima do solo, assim ela foi abandonada a 50 m dessa posição.

Antes de ser solta pelo Duende Verde, Stacy terá apenas energia potencial gravitacional e, ao ser atingida pela teia, apenas energia cinética. Igualando as duas formas de energia (equação 4), tem-se:

$$50.10.50 = \frac{50.v^2}{2}$$

$$v^2 = \frac{50.10.50.2}{50}$$

$$v^2 = 1.000$$

$$v = \sqrt{1.000} = 31,6\frac{m}{s}$$

No exato momento em que a teia atinge seu corpo, sua velocidade de queda é de aproximadamente 32 m/s ou 115,5 km/h. Após a teia atingi-la, seu movimento passa a ser desacelerado. Será encontrada essa desaceleração considerando que ela percorra 1,50 m após ser atingida pela teia até o momento que cessa sua queda. Pela equação de Torricelli, tem-se:

$$V^2 = V_i^2 + 2.a.\Delta S$$

$$0 = \left(32\right)^2 + 2.a.1,5$$

$$a = -341\frac{m}{s^2}$$

Stacy está em queda livre a uma velocidade aproximada de 32 m/s ou 115,5 km/h, quando é atingida pela teia do Homem-Aranha. A partir desse momento, ela sofre uma desaceleração média de 341 m/s². Para comparar esse valor com a aceleração da gravidade, basta dividi-lo por 10 m/s², e se encontra aproximadamente 34. Isso significa que Stacy sofre uma desaceleração de 34 vezes a aceleração da gravidade ou 34G. As consequências que isso poderá causar a ela será retomado mais adiante[55].

Como efeito da aplicação de uma força, os objetos flexíveis, como uma mola ou a teia do Homem-Aranha, podem ser comprimidos ou flexionados. Eles reagirão a essa força aplicando outra de mesma intensidade, chamada de força elástica, que é definida por:

$$F = k.x \qquad (5)$$

O **x** na equação representa o valor da deformação sofrida pelo corpo flexível ao ser comprimido ou flexionado. O **k** é uma constante que mede a rigidez de um material flexo, ou seja, a força que deve ser aplicada por unidade de comprimento sobre o objeto para que sofra uma deformação, sendo chamada de constante elástica. A energia que os objetos flexíveis possuem quando estão flexionados é chamada de energia elástica, que é dada pela relação:

$$E = \frac{k.x^2}{2} \qquad (6)$$

A desaceleração de 34G imposta ao corpo de Stacy é um valor médio, já que a força elástica varia de acordo com a deformação do corpo flexionado. Para saber a real desaceleração sofrida por Stacy, a princípio teremos que determinar o valor da constante elástica da teia do Homem-Aranha (Quadro 3.4).

---

[55] No tópico "A força g", são abordados em detalhes os efeitos que uma forte desaceleração pode causar a um organismo.

> ## Quadro 3.4
>
> Para encontrar a constante elástica da teia do Homem-Aranha, considera-se que, ao atingir a jovem, a teia sofra uma distensão em 1,50 m de seu comprimento original, valor razoável ao observar a cena que retrata sua queda no filme *O Espetacular Homem-Aranha 2*. O valor da energia potencial gravitacional que Stacy possui na altura de 50 m em que foi solta pelo Duende Verde, será:
>
> $$E_g = m.g.h = 50.10.50$$
>
> $$E_g = 25.000\,J$$
>
> Desconsiderando as forças dissipativas de atrito com o ar, a energia se conserva. A energia potencial gravitacional de 25.000 J que a jovem possui, na altura de 50 m, será o mesmo valor da energia cinética que ela possuirá ao final da queda quando sua velocidade for de 32 m/s. Essa energia é transferida para a teia ao sofrer a distensão de 1,50 m. Substituindo esses valores na equação (6), tem-se:
>
> $$E = k.\frac{x^2}{2}$$
>
> $$25.000 = k.\frac{(1,5)^2}{2}$$
>
> $$k = 22.222\frac{N}{m}$$

A teia do Homem-Aranha possui uma constante elástica de 22.222 N/m. Isso significa que, para sofrer uma distensão de um metro, deve atuar sobre ela uma força de 22.222 N. A força de tração[56] que a teia exerce sobre o corpo de Stacy não é constante. Seu valor vai aumentando desde o momento em que a teia começa a ser distendida (momento em que começa a ser esticada) até atingir seu valor máximo no ponto de maior deformação, ao atingir 1,50 m. Com o valor da força elástica pode-se, enfim, saber o valor máximo da desaceleração ao qual o corpo de Stacy foi submetido (Quadro 3.5).

---

[56] Dá-se o nome de *tração*, ou *tensão*, à força que é aplicada sobre um corpo por meio de cordas, fios ou cabos.

Quadro 3.5

Para determinar o valor da força elástica, serão substituídos na equação (5) os valores da constante elástica e da distensão sofrida pela teia ao atingir o corpo de Stacy:

$$F_e = K.x$$

$$F_e = 22.222.1,5$$

$$F_e = 33.333N$$

A desaceleração máxima sofrida por Stacy se dará quando a teia do Homem-A-ranha atingir o limite máximo de estiramento. Nele a força elástica assumirá seu valor máximo de 33.333 N, assim se pode calcular, não a desaceleração média como foi feito, mas sua desaceleração máxima. Para isso, utiliza-se a segunda lei da dinâmica, a qual diz que o somatório das forças que agem em um corpo é igual ao produto de sua massa pela aceleração. Sobre o corpo de Stacy, têm-se a força elástica máxima e a força peso atuando em sentidos opostos:

$$P - F_{el} = m.a$$

$$m.g - F_{el} = m.a$$

$$50.10 - 33.333 = 50.a$$

$$a = -656,7 \frac{m}{s^2}$$

A desaceleração máxima imprimida sobre o corpo de Stacy será de 656,7 m/s², ou 65,7G. Será que essa desaceleração seria suficiente para levá-la ao óbito? Isso será abordado no próximo tópico.

3.6 A força g

Como foi afirmado no tópico anterior, é possível relacionar a aceleração a que um corpo está submetido com a aceleração da gravidade (10 m/s²)[57] quantificando-a em Gs. Essa é uma grandeza da Física que representa quantas vezes a aceleração de gravidade está sendo exercida sobre um corpo.

---

[57] Lembrando que aceleração da gravidade na Terra, ao nível do mar e à latitude de 45°, tem o valor aproximado de 9,80665 m/s². Aqui está sendo adotado seu valor aproximado de 10 m/s² para facilitação dos cálculos.

Exemplificando, 1G equivale à pressão aplicada ao corpo humano em repouso pela gravidade terrestre ao nível do mar, portanto equivalente à gravidade padrão. Desse modo, podemos relacionar a grandeza G à pressão que está sendo exercida sobre você nesse instante, e a força que produz essa pressão pode ser chamada de força G. É possível fazer uma relação intuitiva da força G com a aceleração da gravidade e dizer que, nesse momento, está sendo aplicada sobre você uma força aproximada de 1G. Essas grandezas são muito utilizadas na aviação e em corridas automobilísticas. Se um piloto sofre uma aceleração duas vezes maior do que a da gravidade (2 x 10 m/s²), diz-se que ele está sofrendo uma aceleração aproximada de 2G. Também é comum dizer que esse piloto está sofrendo uma "força de 2G", sendo essa apenas uma relação feita à pressão a que o corpo está submetido a essa aceleração.

Para o corpo humano, não é problema viajar em alta velocidade, mas sim as acelerações sofridas até atingir essa determinada velocidade. Por conta da inércia, nosso corpo não suporta variações bruscas no valor da velocidade ou no sentido de sua trajetória, que devem ser feitas de forma gradual. A força G pode causar diversos efeitos sobre um corpo. Nós temos uma tolerância à força G que depende do tempo e do local do corpo ao qual está sendo aplicada e de sua intensidade. Elas podem ser classifica-das em positivas (G+) ou negativas (G-). Se você estiver em um avião em movimento, a força G positiva é aquela que lhe pressiona contra o banco. Ela dificulta a circulação do sangue pelas extremidades superiores, como a cabeça, fazendo-o dirigir-se para as extremidades inferiores, como os pés. Já a força G negativa dá a sensação de perda de peso. Em um avião em movimento, é aquela que tende a levantá-lo do assento e pressiona você contra o cinto de segurança. Ela faz o sangue de seu corpo dirigir-se para as extremidades superiores, como a cabeça. Se o corpo está sob a ação de uma força G positiva, é necessário que o coração faça um esforço adicional para conseguir bombear o sangue para as partes superiores do corpo, as quais podem sofrer consequências por conta da falta de oxigênio.

Como exemplo da intensidade da força G, uma tosse típica produz uma força momentânea de 3,5G, enquanto um espirro resulta em cerca de 3G de aceleração. Os danos mais comuns relatados sob efeito da força G são a visão turva ou a falta da visão e a perda da consciência. Nosso corpo é mais sensível à força G negativa, em que o sangue é empurrado para a cabeça aumentando a pressão interna. Podemos sentir as sensações da força G positiva e da força G negativa ao andar de montanha russa, em que podem variar entre os 4G positivo e negativas de -1G, ou algo muito próximo disso.

Existe um coeficiente chamado de "tolerância-G", que calcula a força G tolerável para o ser humano. Porém, não é fácil falar em um limite tolerável para nosso organismo, pois essa tolerância depende muito do tempo em que somos submetidos a ela. Uma força de 18G atuando por alguns segundos poderia levar à morte, mas podemos suportar forças bem maiores do que essa, só que por frações de segundos. A desaceleração de 65,7G sofrida por Gwen Stacy, durante o resgate malsucedido do Homem-Aranha, seria mais que suficiente para quebrar seu pescoço, bem como para lhe causar uma série de lesões internas. Para que Stacy fosse salva, deveria sofrer uma desaceleração bem menor. Para isso seria necessário aumentar o tempo de contato da teia com seu corpo até cessar seu movimento. As teias de nosso herói deveriam ter uma maior elasticidade para não ocorrer essa desaceleração súbita que levou à morte de Stacy pela quebra de seu pescoço.

3.7 Projetando-se como em um estilingue

Em algumas cenas dos filmes da franquia do Homem-Aranha, o herói utiliza-se da elasticidade de suas teias para lançar-se para frente em uma espécie de estilingue. Aqueles corpos que se deformam sob a ação de uma força e voltam à forma original quando essa força é retirada são chamados de corpos elásticos, e a força que aplicam é chamada de força elástica. São assim o elástico, uma mola e a teia do Homem-Aranha. Em uma cena de *O Espetacular Homem-Aranha* (*The Amazing Spider-Man*, 2012)[58], o amigão da vizinhança está no alto de um prédio e usa suas teias para projetar-se. Ele fixa cada uma de suas pontas, e, conforme vai se movendo para trás, de costas, a teia vai se esticando. Parte da energia que o herói gasta para distender a teia fica nela armazenada como forma de energia potencial elástica. Ao ser lançado, a energia elástica das teias é transformada em cinética. No Quadro 3.6, é empregado o princípio da conservação da energia para saber a velocidade com qual o Homem-Aranha poderá projetar-se. Para isso, será utilizado para a constante elástica de suas teias o valor encontrado no tópico "A morte de Stacy". Como são utilizadas duas cordas de teia para projetar-se, a constante elástica terá o dobro de seu valor; será considerado que o herói distende as teias em 2,0 m.

---

[58] THE AMAZING Spider-Man. Direção: Marc Webb. Estados Unidos: Sony Pictures, 2012. 1 DVD (137 min).

Quadro 3.6

Conforme o Homem-Aranha se desloca para trás, estica as teias, que passam a armazenar energia potencial elástica (equação 5) que será transformada em cinética quando o herói é arremessado. Desconsiderando eventuais perdas de energia e utilizando o princípio de sua conservação, tem-se:

$$\frac{k.x^2}{2} = \frac{m.v^2}{2}$$

$$\frac{22.222x2\,x\left(2\right)^2}{2} = \frac{70.v^2}{2}$$

$$\frac{177.776}{2} = \frac{70.v^2}{2}$$

$$v^2 = 2539,6$$

$$v = \sqrt{2539,6}$$

$$v = 50\frac{m}{s}$$

O Homem-Aranha será projetado por suas teias a 50 m/s ou, aproximadamente, 180 km/h. Com essa velocidade inicial, pode-se saber a distância atingida pelo herói ao fim de sua projeção (Quadro 3.7). Quando um corpo é lançado obliquamente, tem-se uma componente de sua velocidade no eixo vertical que o levará para o alto, e há uma componente no eixo horizontal que o levará para frente. A distância máxima atingida varia de acordo com o ângulo de lançamento em relação à horizontal. Acima dos 45º, quanto maior for o ângulo de lançamento, maior será a altura atingida pelo corpo lançado, porém menor será seu alcance. Abaixo dos 45º, tanto a altura quanto a distância percorrida na horizontal serão cada vez menores (Figura 3.1). Como um gênio das ciências, Peter saberia que, para obter o alcance máximo, deveria projetar-se em um ângulo de 45º. O alcance atingindo por um corpo lançado obliquamente é dado por:

$$A = \frac{v^2 .sen2\theta}{g} \qquad (7)$$

em que:

A→ representa o alcance atingindo;
v→ a velocidade inicial de lançamento;
θ→ o ângulo de lançamento em relação à horizontal;
g→ a aceleração da gravidade.

Quadro 3.7

Para saber a distância que o Homem-Aranha percorrerá quando se projetar a 50 m/s em uma ângulo de 45°, substituem-se esses dados na equação (7):

$$A = \frac{(50)^2 .sen2.45°}{10}$$

$$A = \frac{(50)^2 .sen90°}{10}$$

$$A = 250\,m$$

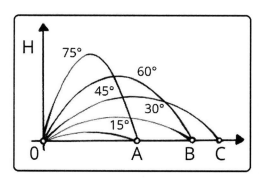

Figura 3.1 – Para conseguir um alcance máximo, o lançamento obliquo deve ser feito em um angulo de 45° com a horizontal.

Fonte: Letícia Machado

Ao ser lançado com uma velocidade inicial de 180 km/h, o Homem-Aranha seria projetado a uma distância de 250 m em relação à mesma altura em que foi lançado do alto do prédio. Essa forma de deslocamento poderia ser mais eficiente do que a realizada com a projeção e a fixação das teias no topo de prédios, na qual o Homem-Aranha não conseguiria desenvolver grandes velocidades. No lançamento elástico, quanto maior for o alongamento das teias antes da projeção, maiores serão a velocidade de lançamento e a distância que poderá atingir. Ao se projetar do prédio, se ele tivesse distendido suas teias em 3 m, em vez de 2 m, poderia ter percorrido uma distância de mais de 570 m.

3.8 A mudança no sentido no movimento ao balançar entre os prédios

Existe uma cena habitual nos filmes e desenhos do Homem-Aranha, em que o herói se desloca entre os prédios de Nova Iorque pendurado em suas teias, mudando constantemente o sentido de sua trajetória e, até mesmo, descrevendo uma trajetória curva. A primeira lei de Newton, também conhecida como princípio da inércia, afirma que, se as forças que atuam em um corpo forem nulas no sentido de seu movimento, a velocidade desse corpo será constante, e sua trajetória em linha reta (movimento retilíneo uniforme). Quando o Homem-Aranha está pendurado em suas teias, sobre ele estão agindo apenas duas forças: a força peso e a força tração. Essa última é exercida pela teia sobre suas mãos, como reação à força que ele exerce sobre a teia[59]. Essas duas forças, peso e tração, são perpendiculares ao sentido do movimento. Portanto, não interferirão na velocidade do Homem-Aranha nem contribuirão para a mudança do sentido de sua trajetória, que será em linha reta. Uma alternativa para que ele pudesse fazer com que sua trajetória descrevesse uma curva, durante o balançar entre os prédios, seria a atuação de alguma força lateral contribuindo para que sua trajetória descrevesse uma curva. Sem isso, o Homem-Aranha manteria o chamado movimento retilíneo uniforme e correria enormes riscos de estar constantemente se espatifando nos prédios que estariam logo à sua frente.

---

[59] A terceira lei de Newton, também chamada de Princípio Ação e Reação, relaciona as forças de interação entre dois corpos. Ela afirma que, para toda força de ação que é aplicada a um corpo, esse corpo reage com uma força, chamada de reação, de mesma direção e intensidade, mas de sentido contrário sobre o corpo que exerceu a força de ação.

CAPÍTULO 4

MULHER INVISÍVEL

A Mulher Invisível é uma criação do desenhista e roteirista estadunidense Jack Kirby (1917-1994) e de seu compatriota, o escritor e editor Stan Lee (1922-2018). É a representante feminina do grupo "Quarteto Fantástico", que teve a primeira aparição, em 1961, na revista *The Fantastic Four Vol. 1 #1*. A doutora Susan (Sue) Richards, o alter ego da heroína, e os outros membros do Quarteto adquiriram seus poderes ao serem expostos acidentalmente a grandes quantidades de radiação cósmica em uma missão espacial. Assim como a maioria dos super-heróis, Susan tem sua infância marcada por tragédias. Quando pequena, morava em Long Island com seus pais e seu irmão mais novo Jonathan (Johnny) Storm (o Tocha Humana do Quarteto); sua mãe morrera em um acidente automobilístico. Seu pai, o médico Dr. Franklin Storm, um dos maiores cirurgiões dos Estados Unidos, era quem dirigia o automóvel e tentou em vão salvar a vida da esposa. Culpando-se pela fatalidade, torna-se um alcoólatra, abandona a carreira médica e é preso por assassinar acidentalmente um agiota a quem devia dinheiro. Susan e Jonathan vão morar com sua tia, Marygay Jewel Dinkins, que administrava uma pensão. No início de sua juventude, Sue se apaixona por um dos hóspedes, o cientista Dr. Reed Richards (o Senhor Fantástico) e mais tarde se muda para Califórnia para viver com ele.

O Dr. Reed trabalhava em um protótipo de um veículo espacial e preparava uma missão a bordo da nave. Sua tripulação contava com Susan, Jonathan e o piloto Ben Grimm, que mais tarde se transforma no monstro formado de rocha chamado "O Coisa". Já no espaço, o foguete passa por uma intensa tempestade de raios cósmicos, e a exposição às altas doses de radiação confere poderes a cada um dos tripulantes. Inicialmente, Susan obtém apenas a habilidade de se tornar invisível, mas, com o desenvolvimento da personagem, os roteiristas foram lhe conferindo novos poderes; entre eles, o de deixar outras pessoas e objetos, parcial ou totalmente, invisíveis, criar campos de força quase indestrutíveis, além de poder manipular objetos e raios de luz. De seus poderes, aqui será explorada sua habilidade da invisibilidade, analisando como e se isso é possível, além das consequências que lhe traria.

4.1 Tornando-se invisível

Antes de falar sobre a principal habilidade da Mulher Invisível, é preciso compreender o mecanismo da visão que nos permite enxergar. A luz visível faz parte de uma pequena faixa do espectro eletromagnético, localizada entre a radiação infravermelha e ultravioleta, que tem a capacidade de sensibilizar nossos olhos. Fora dessa faixa de frequência bem estreita, as demais ondas eletromagnéticas são invisíveis para o ser humano. Quando a luz ambiente ou de uma fonte específica atinge algum corpo, parte dessa radiação é absorvida, e outra parte refletida de volta para o ambiente. Quando essa luz refletida parte em direção aos olhos de uma pessoa, atravessa a córnea, a pupila, o cristalino e atinge a retina, na qual encontra as células fotorreceptoras, chamadas de cones e bastonetes (Figura 4.1). Os bastonetes detectam os níveis de luminosidade, e os cones são os responsáveis pela detecção das cores. A luz visível é formada por sete faixas principais de frequência, como demonstrado no Quadro 4.1.

Quadro 4.1 – Comprimento de onda e frequência para as sete faixas principais que formam o espectro da luz visível

Cor	Comprimento de onda (nm)	Frequência (THz)
Vermelho	620 a 740	480 a 400
Laranja	590 a 620	510 a 480
Amarelo	560 a 590	530 a 510
Verde	500 a 560	600 a 530
Ciano	480 a 500	620 a 600
Azul	440 a 480	680 a 620
Violeta	380 a 440	790 a 680

Fonte: o autor

O ser humano com uma visão "normal" possui três tipos de cones, cada um sensível ao verde, ao vermelho e ao azul. Os cones transformam a radiação recebida do ambiente em impulsos elétricos que são levados ao cérebro pelo nervo óptico. O cérebro interpreta esses sinais recebidos, permitindo processar a diferenciação entre as cores que formam um corpo, criando a imagem colorida em nossa mente. Alguns animais possuem um sistema de recepção dessas radiações mais complexo que o dos seres humanos, o que lhes dá a capacidade de enxergar, também, o ultravioleta e o infravermelho, radiação relacionada ao calor. No universo cinematográfico, essa variação na recepção da radiação foi muito bem trabalhada no filme *O Predador* (*Predator*, 1987)[60], no qual um ser extraterrestre tecnologicamente mais avançado enxerga captando a radiação infravermelha, porém a luz visível não sensibiliza seus olhos, sendo cego para ela. O major Alan Dutch Schaefer, personagem interpretado por Arnold Schwarzenegger, consegue ficar invisível para o ser alienígena cobrindo-se de lama que, pelo menos no filme, bloqueia a emissão dessa radiação infravermelha e não permite que o ser o enxergue.

Figura 4.1 – O olho humano é constituído por um conjunto de elementos que atua para formar o mecanismo da visão.

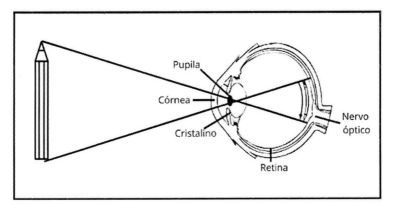

Fonte: Letícia Machado

Ao contrário do ser alienígena do filme *O Predador*, o ser humano tem a capacidade de enxergar a luz visível, e não o infravermelho. A Mulher Invisível poderia desaparecer se tivesse o dote de transformar a luz visível incidente sobre ela em outro tipo de radiação, como a infravermelha ou a ultravioleta, que não é detectado pelos olhos. No caso de se tornar uma fonte de emissão ultravioleta, ela seria extremamente perigosa para os seres humanos, pois poderia ocasionar sérios danos à saúde, como o câncer de pele. Outra maneira de ficar invisível seria tornando-se transparente à luz ou fazendo com que a luz contornasse seu corpo. Veja a possibilidade de cada uma dessas hipóteses.

---
[60] PREDATOR. Direção: John McTiernan. Estados Unidos: Fox Home Entertainment, 1987. 1DVD (107 min).

4.2 A transparência

Ao interagir com a luz, os corpos podem ser classificados como opacos, translúcidos ou transparentes (Figura 4.2). Os opacos são aqueles que não permitem a luz atravessar seu interior, bloqueando-a por completo. É o que ocorre com a maioria dos corpos, como uma parede ou uma moldura de madeira de janela. Os translúcidos permitem que parte da luz passe por seu interior, mas com desvios. Com essa trajetória irregular da luz não se pode distinguir perfeitamente os corpos através desses objetos, é o que ocorre nos vidros jateados ou utilizados em vitrais. Por fim, têm-se os meios transparentes, que permitem a passagem total e regular da luz por seu interior, sem sofrer desvios significativos, como os vidros de uma janela.

Figura 4.2 – Representação do comportamento óptico dos meios opaco, translúcido e transparente

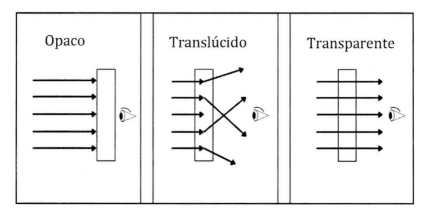

Fonte: Letícia Machado

A transparência é muito utilizada por algumas espécies do reino animal, como a alga viva e alguns tipos de peixes. Porém, é muito difícil uma transparência cem por cento perfeita. Mesmo apresentando a característica da transparência, é possível enxergar a silhueta desses animais em destaque no ambiente. Isso faz com que a transparência não seja suficiente para torná-los invisíveis. A causa disso é um fenômeno chamado refração, que é o desvio de direção da trajetória da luz quando passa de um certo meio de propagação para outro meio. A velocidade da luz no vácuo é de aproximadamente 300.000 km/s e no ar é muito próxima a isso. Quando a luz se propaga do ar para outro material, como a água, sua velocidade diminui devido à maior densidade desse novo meio, que oferece maior dificuldade para sua propagação. A consequência da diminuição de sua velocidade é uma leve alteração no sentido da direção de propagação do raio de luz (Figura 4.3). A essa variação na trajetória é dado o nome de refração. Também ocorre a refração quando a luz faz o caminho inverso, propagando-se da água para o ar, só que nesse caso há um aumento em sua velocidade.

A dificuldade que um material oferece para a propagação da luz é chamada de índice de refração (n), que é a relação entre a velocidade da luz no vácuo (c) e a velocidade da luz do meio considerado (v):

$$n = \frac{c}{v}$$

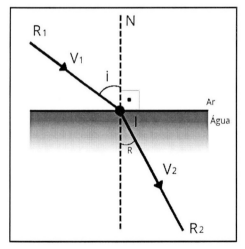

Figura 4.3 – Representação de um raio de luz se propagando do ar para a água, sofrendo refração ao mudar do meio de propagação. Raio 1 é raio incidente; Raio 2 é o raio refratado; N é reta normal pelo ponto de incidência; i Ângulo, formado entre raio 1 e a reta normal, é o ângulo de incidência; r Ângulo formado entre raio 2 e a reta nomal, é o ângulo de refração, e a linha grossa entre os dois meios é o dioptro.

Fonte: Letícia Machado

É por causa da refração que, ao mergulharmos um talher em um copo que não esteja todo cheio de água, temos a impressão de que ele está "quebrado" (Figura 4.4). A luz que emerge da parte do talher que está dentro da água se propaga com menor velocidade no líquido. Ao passar para o ar, sua velocidade aumenta, provocando um leve desvio em sua direção. Esse raio de luz desviado chega aos olhos dando a percepção da falsa localização do objeto. A refração também é responsável pela sensação da aparente diminuição da profundidade de uma piscina quando está cheia de água. Ela dá a falsa impressão da profundidade de um corpo que esteja dentro da água, fazendo com que sua imagem apareça acima de sua real posição. Os índios que pescam com flechas ou arpões sabem que não podem apontar exatamente para a imagem do peixe para fisgá-lo, mas sim para uma posição um pouco abaixo da imagem formada, que é a posição real do peixe (Figura 4.5).

Figura 4.4 – A refração faz com que um lápis imerso em um líquido no copo aparente estar quebrado.
Fonte: Letícia Machado

Quadro 4.2 – Índice de refração de alguns materiais. Quando maior for o índice maior será a dificuldade apresentada pelo referido meio à propagação da luz.

MATERIAL	ÍNDICE DE REFRAÇÃO (n)
Ar	1,00
Água	1,33
Vidro para lentes	1,50
Glicerina	1,90
Diamante	2,42

Fonte: o autor

Quanto maior for a diferença entre os índices de refração dos meios de propagação da luz, maior será o desvio apresentado por ela. A refração só não estará presente quando os índices de refração dos meios forem idênticos, fora isso o desvio ocorrerá mesmo nas pequenas diferenças entre os índices (Quadro 4.2). Devido a isso, quando a luz passa de um meio transparente para o ar, ela sofre um desvio, mesmo de leve. Isso dá a possibilidade de enxergar esse corpo transparente, como de um animal, ou enxergar algo distorcido através dele, o que presumiria sua presença. A Mulher Invisível poderia ter a habilidade de se tornar perfeitamente transparente aos raios de luz. Para isso, ela deveria ter o mesmo índice de refração do ar ou do meio no qual está inserida. Desse modo, ao atravessá-la, a luz não sofreria desvios, dando-lhe a capacidade de ficar imperceptível. Contudo, isso traria algumas complicações. Primeiro, para ficar invisível, ela precisaria estar completamente despida e sem nenhum acessório em seu corpo, como brinco, pulseira ou até mesmo uma obturação nos dentes. Ficar completamente nua poderia lhe trazer alguns contratempos durante o tempo levado para despir-se, como ser atacada por um oponente ou algum infortúnio gerado por esse tempo perdido. E se ela se esquecesse de colocar as roupas antes de deixar de ficar transparente? Isso lhe traria constrangimentos. Sem as roupas para manter o calor de seu corpo, ela poderia sentir bastante frio em algumas situações; algo que seria agravado pelo fato de ser transparente à radiação solar, que poderia ajudar no aquecimento de seu corpo. Ela também não poderia ingerir qualquer alimento nos momentos antes de ficar invisível; caso contrário, seria possível vê-los em seu sistema digestivo. Com o tempo, não teria mais a invisibilidade perfeita, pois, conforme partículas de poeira fossem depositadas sobre sua pele, seria possível identificar os contornos de seu corpo.

Figura 4.5 – A imagem formada de um peixe em um rio será localizada em sua posição aparente, porém, como os raios de luz que partem do peixe sofrem refração, a localização real do peixe será um pouco abaixo.

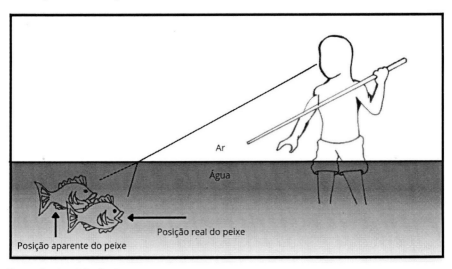

Fonte: Letícia Machado

4.3 Sendo contornada pela luz

Além da transparência, há outra possibilidade para deixar um corpo invisível: fazer com que a luz incidente o contorne, assim como a água contorna um pequeno objeto em seu fluxo, como uma rocha no meio de um riacho. De igual modo, ao atingir o corpo da Mulher Invisível, a luz iria contorná-lo e em seguida seguiria normalmente seu caminho, como se a heroína não estivesse ali. Hoje em dia, existem pesquisas avançadas usando esse princípio de desvios nos raios de luz nos chamados metamateriais, que são materiais artificiais modificados de modo que passam a adquirir propriedades desejadas que não existiriam em sua forma natural. Esse tipo de material distorce a radiação eletromagnética fazendo com que a luz nele incidente o circunde, deixando-o invisível aos nossos olhos ou como se fossem transparentes. Para uma pessoa ficar invisível, bastaria envolver-se em uma capa feita desse metamaterial. A luz incidente sobre ele não seria absorvida nem refletida, mas desviada sem ao menos atingir seu corpo. Para isso, esses materiais precisam ser formados por estruturas que tenham dimensões da ordem do comprimento de onda da luz visível. Isso possibilitaria que a luz o contornasse em vez de ser refletida. A dimensão do comprimento de onda da luz é da ordem de nanômetros (um metro dividido por um bilhão), tão diminuto que essas dimensões não são encontradas nas estruturas constituintes de qualquer material natural. Os metamateriais têm uma característica chamada de índice de refração negativo, algo que também não pode ser encontrado em substâncias naturais, apenas produzida artificialmente. A existência de materiais com índice de refração negativo foi sugerida, pela primeira vez, em um artigo publicado, em 1968, pelo físico russo Victor Veselago (1929-2018), após o desenvolvimento de pesquisas e estudos sobre refração. Foi apenas na década de 2000 que pesquisadores da Universidade da Califórnia, nos Estados Unidos, conseguiram construir um material com as características de refração negativa.

Para ilustrar o comportamento da luz nos metamateriais, considere um raio luminoso que se propaga em um meio de índice de refração convencional (positivo) e incide sobre uma superfície de separação com outro meio, mas de índice de refração negativo. Nesse caso, o raio de luz refrataria para o lado oposto ao que ocorreria com os meios convencionais, ficando sempre do mesmo lado da linha normal (Figura 4.6).

Figura 4.6 – Desvio de um raio de luz ao penetrar num meio com índice de refração positivo e num meio com índice de refração negativo

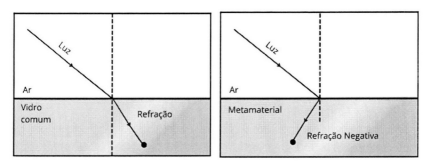

Fonte: Letícia Machado

Se a água tivesse índice de refração negativo, a luz que emerge da reflexão de um corpo em seu interior seria refratada para o lado oposto. Na Figura 4.7, a imagem da direita simula um lápis com parte imersa em um líquido hipotético de índice de refração negativo.

Figura 4.7 – Representação da imagem de um lápis imerso em um líquido de índice de refração convencional (b) e num líquido hipotético com índice de refração negativo (c)

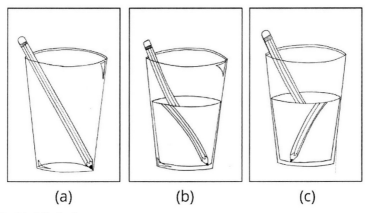

Fonte: Letícia Machado

Se algumas das substâncias do cotidiano tivessem o índice de refração negativo, teríamos algumas situações inusitadas. Se a água possuísse essa característica, a imagem de um peixe em um rio seria formada acima da superfície. Em vez de uma profundidade aparente, ter-se-ia uma altura aparente (Figura 4.8). Isso dificultaria bastante a caça de peixes com arpões, mas até seria divertido ver acima da superfície a imagem de peixes nadando no fundo de um rio. E se o vidro da janela de uma casa tivesse índice de refração negativo? Se alguém olhasse pela janela para contemplar o exterior da casa, as imagens dos corpos observados se formariam em seu interior. A imagem de seu jardim externo se formaria dentro de sua sala, bem interessante, não?

Figura 4.8 – Formação da imagem de um peixe situado no interior de um rio. Caso o índice de refração a água desse rio fosse negativo, a imagem do peixe seria formada acima da superfície do rio.

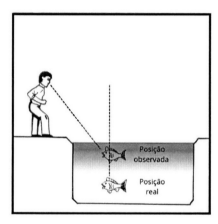
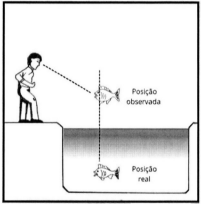

Refração convencional   Refração negativa

Fonte: Letícia Machado

Imagine se fosse possível construir um objeto feito com esse material que simula o índice de refração negativo, como uma capa que poderia ser chamada de "manto de invisibilidade". A luz que incidisse sobre ele iria contorná-lo como se não estivesse tocando-o, assim não seria refletida, deixando o objeto invisível aos olhos. A Mulher Invisível poderia utilizar um traje feito com esse metamaterial, deixando não apenas seu corpo invisível, mas tudo que fosse coberto por ele. Para que ficasse completamente invisível, nenhuma parte de seu corpo, como os cabelos ou as mãos, poderia ficar descoberta de seu traje.

4.4 Controlando a luz

Além de se tornar invisível, Sue Richards tem o poder de tornar outras pessoas e objetos invisíveis. De acordo com a primeira hipótese aqui apresentada, para explicar sua invisibilidade, a personagem deveria tornar além de si, outros corpos transparentes, o que é pouco possível. A hipótese de envolver esses corpos com algum tipo de metamaterial também é improvável, pois toda vez que quisesse torná-los invisíveis, deveria cobri-los com esse material. Outra forma de explicar sua invisibilidade e a capacidade de deixar outros corpos invisíveis seria se ela controlasse mentalmente a luz. Dessa forma, poderia mudar a direção dos raios de luz fazendo com que eles contornassem os copos sem tocá-los, voltando para sua trajetória logo em seguida. Como não seriam atingidos pela luz, os corpos ficariam invisíveis para um observador. Para essa possibilidade, Sue deveria possuir enorme poder de concentração e controle mental. Para manter a si e outros objetos invisíveis, deveria estar manipulando os raios de luz, entortando-os e desentortando-os a todo o momento. Sabe-se que as mulheres conseguem fazer mil coisas ao mesmo tempo, mas imagine ter que controlar a luz incidente em vários corpos para mantê-los invisíveis e ainda lutar bravamente contra os oponentes? Não seria nada fácil. Essa é justamente a explicação dada no filme *O Quarteto Fantástico* (*Fantastic Four*)[61] em um diálogo entre a Mulher Invisível, interpretada por Jéssica Alba, e Reed Richards, o Senhor Fantástico, interpretado por Ioan Gruffudd. Nele Reed diz a Susan que ela teria o poder de "dobrar os raios de luz" e que isso estaria atrelado aos seus sentimentos. Independentemente do que se esteja sentindo, não é possível controlar a luz com uma suposta força do pensamento, o que deixaria essa alternativa incongruente.

4.5 Teletransportando a luz

Vejamos outra possibilidade para que a Mulher Invisível pudesse deixar os corpos invisíveis, com essa experimentação restrita ao campo da ficção científica. Sue Richards pode criar campos de força que, entre outras utilidades, envolveria os corpos com um escudo protetor. Imagine se ela também pudesse criar um tipo específico de campo de energia que teletransportasse a luz. Algo que funcionasse como os "buracos de minhoca"

---

[61] FANTASTIC FOUR. Direção: Tim Story. Estados Unidos: 20th Century Fox, 2005. 1 DVD (126 min).

(*wormhole*),[62] que são hipotéticas distorções no espaço-tempo. Esses "portais" poderiam ser explicados, analogamente, como um túnel que ao adentrar por uma boca levaria a um ponto específico deste Universo. Sue poderia criar esse campo de energia à sua volta; quando a luz incidisse em um ponto desse campo, ela seria instantaneamente transferida para o lado oposto. Imagine um raio de luz incidindo defronte ao corpo da Mulher Invisível, ao atingir esse campo, ele seria, no mesmo instante, teletransportado diametralmente, seguindo após isso normalmente sua propagação (Figura 4.9). Nesse caso, a luz não atingiria seu corpo e, sem sofrer reflexão, deixaria a personagem completamente invisível. O que inviabiliza essa alternativa é a necessidade da criação de intensos campos gravitacionais para o surgimento dos buracos de minhoca.

Figura 4.9 – Ao serem teletransportado, os raios de luz não atingiriam o corpo da Mulher Invisível

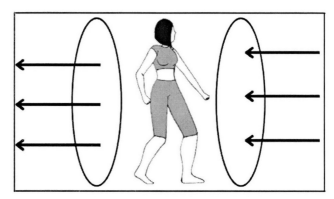

Fonte: Letícia Machado

4.6 Cegueira temporária

Imagine uma benção acompanhada por uma calamidade. Algo acometeria Sue Richards todas as vezes que ficasse invisível, a cegueira. Já foi visto que, para enxergar um corpo, a luz emitida, ou refletida por ele, deve entrar pelos olhos e sensibilizar as células fotorreceptoras. Sempre que Sue ficasse imperceblível, seja por qualquer uma das quatro hipóteses que foi apresentada, ela ficaria completamente cega, pois a luz refletida pelos

---

[62] Os buracos de minhocas seriam atalhos na estrutura do espaço-tempo conectando dois pontos distantes no Universo. Foram tratados no tópico "Pegando um atalho" no capítulo destinado ao Superman.

objetos não atingiria seus olhos. Ao se tornar invisível, o mundo de Sue seria uma completa escuridão, fazendo com que dependesse apenas dos demais sentidos para poder "enxergar", assim como faz o personagem Demolidor (Daredevil). Isso também aconteceria com qualquer pessoa que Sue estivesse deixando momentaneamente invisível. Já foi considerada a hipótese de que a Mulher Invisível consiga, de alguma forma, direcionar os raios de luz do ambiente para seus olhos possibilitando que enxergasse. Porém, para que isso fosse uma solução, seus olhos não poderiam ser transparentes à luz, eles deveriam ser sempre uma parte de seu corpo que não poderia ficar invisível. Agora, a imagem de dois globos oculares flutuando pelo espaço não seria nada agradável de ser vista.

4.7 Sendo detectada pelas ondas de calor

Mesmo se Sue Richards possuísse o poder de evitar a reflexão dos raios de luz incidentes sobre seu corpo, ela seria invisível unicamente para nós que temos a capacidade de enxergar apenas a frequência da luz visível. Sua presença poderia ser detectada por conta da radiação infravermelha emitida por seu corpo. Essa radiação é emitida por cargas elétricas em estado de vibração e, por isso, está associada ao calor. Nosso corpo, assim como qualquer objeto que esteja com temperatura acima do zero absoluto (-273 °C), emite radiação infravermelha. Os seres humanos não podem enxergar o infravermelho, pois apenas a radiação na frequência da luz visível pode sensibilizar as células fotorreceptoras em nossos olhos. Porém, ao estar invisível, Susan poderia ser facilmente "vista" através de câmaras sensíveis ao infravermelho. Essas câmeras captam esse tipo de radiação e geram imagem na faixa visível do espectro eletromagnético, cuja coloração varia de acordo com a temperatura do corpo. Ela poderia até passar despercebida por nossos olhos, mas não escaparia das câmeras térmicas.

CAPÍTULO 5

CHAPOLIN

Chapolin Colorado é um personagem criado, em 1970, pelo comediante mexicano Roberto Gómez Bolaños (1929-2014), também criador do personagem Chaves e intérprete de ambos em seriados de TV produzidos, nos anos 1970, pela Televisa. Na mitologia da série, Chapolin é filho de Pantaleón Colorado y Roto (Calça Vermelha e Curta) e Luisa Lane. Seu nome veio de um padrinho que estudava insetos e é uma referência a uma espécie de gafanhoto chamada *chapuline*, muito apreciada pela gastronomia mexicana. A ideia de Bolanõs, ao criar o personagem, era fazer uma sátira dos poderosos super-heróis estadunidenses, que na época já faziam sucesso em boa parte do mundo. Assim, ele criou um personagem que é um herói ao inverso deles. Em vez de bravo, destemido, imponente e esteticamente belo, Chapolin é hesitante, atrapalhado, medroso, fraco[63] e desprovido de "boa" estética.[64] O que pensar de um herói que, ao ser indagado se ficaria "parado" diante da presença de um inimigo, contestasse da seguinte maneira sem esconder seu pânico: "Como parado? Minhas pernas não param de tremer". Essa fala deixa evidente que, ao invés de aguerrido, é um herói amedrontado (também um contraponto intencional da visão hegemônica de virilidade masculina tão forte na cultura latina), mas que, apesar disso, tem, como uma de suas características, a coragem de enfrentar seus medos e superá-los, para só assim conseguir confrontar seus adversários.

Para conseguir seus objetivos, Chapolin utiliza aquela considerada sua principal arma, a astúcia, que é uma maneira de agir daqueles que sagazmente não lhe deixam enganar. Muitos veem nesse seu traço uma referência à resistência do povo latino-americano diante das imposições do imperialismo etnocêntrico estadunidense. Aliás, são muitas as críticas feitas por Bolanõs à tentativa de influência estrangeira sobre os povos latinos. Talvez quem a melhor personifique é Super San, personagem interpretado por Ramón Val-

---

[63] A fraqueza de Chapolin é apenas aparente, pois a capacidade de se teletransportar e o uso da corneta paralisadora lhe fazem ser extremamente poderoso.

[64] Com esses atributos, Bolaños quis, também, dar intencionalmente ao personagem características que representariam a visão estadunidense sobre o povo latino-americano (WEILAND, 2020).

dez. Vestido com o uniforme parecido ao do Superman, usando uma cartola caracterizada com a bandeira dos Estados Unidos, seu bordão é "Time is Money!" (Tempo é dinheiro!), uma crítica à monetização da vida dentro da economia capitalista. Chamado por Chapolin de herói importado, Super San está sempre interferindo nas ações do Polegar Vermelho, numa clara referência à intromissão imperialista nos assuntos concernentes aos povos latinos. O fato é que, ao criar Chapolin, Balanõs quis dar ao personagem características opostas às que foram estabelecidas como perfil dos super-heróis. Isso fica bem claro também em seu lema: *"Mais ágil que uma tartaruga, mais forte que um rato, mais nobre que uma alface, seu escudo é um coração, ele é o Chapolin Colorado.".*

Entre as armas de que dispõe para combater o crime e fazer justiça, estão a "Marreta Biônica", a "Corneta Paralisadora", as "Pílulas de Polegarina" e sua "Anteninha de Vinil". Além desses artefatos, o Polegar Vermelho tem o poder de se teletransportar tanto no espaço quanto no tempo. Agora será analisado um pouco da física que rege e esclarece algumas ações e poderes do super-herói mais atrapalhado da história. "Sigam-me os bons!!".

5.1 Antenas de vinil detectando a presença do inimigo

As anteninhas de vinil vão além do que um simples par de acessórios no uniforme do Chapolin. Elas são uma poderosa arma que lhe permite detectar um perigo à espreita, algo muito parecido ao sensor aranha[65] do Homem-Aranha. Esse sistema de alerta é habitual no reino animal, algumas espécies possuem um "sexto sentido" tão apurado que podem ser treinadas para detectar doenças e até prever desastres naturais. É muito comum, nos momentos que antecedem a esses desastres, alguns animais demonstrarem a capacidade de percepção e adiantarem os fatos buscando refúgios em locais seguros. Esses comportamentos são frequentemente relatados em casos de intempéries, como terremotos e tsunamis, e a ciência busca algo que explique esse comportamento. Muitas hipóteses já foram apresentadas para isso. Nos desastres provocados por terremotos, por exemplo, os cientistas acreditam que alguns animais possuem a capacidade de pressentir o perigo detectando as vibrações que esses fenômenos provocam no solo, fugindo para direções opostas às da origem do tremor. Outro pressuposto sugere que alguns animais podem perceber as mudanças na pressão atmosférica

---

[65] O sensor aranha seria uma espécie de sexto sentido que alertaria o Homem-Aranha de algum perigo imediato. No tópico "O sensor aranha", no capítulo destinado ao herói, é feita sua analogia ao evoluído sistema sensorial que os aracnídeos possuem.

provocadas por tempestades e tremores de terra. Ainda há a hipótese de que alguns desses desastres naturais, cargas elétricas e pulsos eletromagnéticos são liberados para a atmosfera podendo ser detectados pelos animais que os interpretam como uma situação de perigo.

Pesquisadores acreditam que órgãos específicos de algumas espécies de animais são muito mais desenvolvidos, o que lhes concede a capacidade de detectar algum efeito físico provocado por algum desastre natural. Como Chapolin tem sua origem diretamente ligada ao reino animal, mais especificamente aos insetos, algo parecido pode explicar sua capacidade de detectar a presença do inimigo. Suas anteninhas de vinil seria seu órgão mais evoluído, que lhe permitiria tal proeza. Elas detectariam algum efeito físico provocado pelo iminente aparecimento de seus adversários lhe alertando do perigo, como um eficaz sexto sentido.

5.2 Comunicando-se pelas anteninhas de vinil

Detectar a presença do inimigo não é a única proeza das anteninhas de vinil do Chapolin Colorado. Elas também servem para lhe comunicar quando alguém está pedindo ajuda por meio da memorável: "Oh e agora, quem poderá me ajudar?". Além disso, elas lhe permitem comunicar-se por meio das ondas de rádio. Nesse caso, suas anteninhas servem tanto como um emissor quanto um receptor dessas ondas eletromagnéticas[66]. As ondas de rádio são um tipo de radiação cuja frequência está localizada entre o intervalo de 3 kilohertz (3 kHz ou 3.10^3 Hz) e 300 gigahertz (300 GHz ou 300.10^9 Hz). Foram previstas matematicamente pelo físico britânico James Clark Maxwell (1831-1879), em 1860, e detectadas, em 1887, pelo físico alemão Heinrich Hertz (1857-1894). São utilizadas para levar informações, como sons e imagens, a dois pontos não conectados fisicamente. Os primeiros a conseguir tal feito foram o físico e inventor italiano Guglielmo Marconi (1874-1937) e o padre e inventor brasileiro Roberto Landell de Moura (1861-1928). Moura foi a primeira pessoa no mundo a transmitir a voz por ondas de rádio. Conseguiu a proeza de transportar o som sem o auxílio de fios, entre 1890 e 1901, sendo considerado por alguns historiadores o verdadeiro inventor do rádio. Uma dessas transmissões ocorreu

---

[66] As ondas eletromagnéticas possuem como uma de suas características a propagação no vácuo, assim como em meios materiais. Delas fazem parte as ondas de rádio, as micro-ondas, o infravermelho, a luz visível, o ultravioleta, os raios x e os raios gama. Diferem-se entre si por seu comprimento de onda e sua frequência, que está relacionada à energia transportada. Foram abordadas em sobremodo no tópico "A visão de raios-X", no capítulo destinado ao Superman, em *A Física e os super-heróis Vol. 2.*

na cidade de São Paulo, cobrindo uma região de oito quilômetros. Marconi inventou o telégrafo e transmitiu os pontos e traços do código Morse em 1985. Em 1909, recebeu o Prêmio Nobel de Física por suas contribuições no desenvolvimento da telegrafia. Já a transmissão da voz humana, por meio de ondas eletromagnéticas, Marconi realizou bem depois de Moura, em 1914.

Entre o conjunto de ondas eletromagnéticas, as de rádio são as que transportam menos energia e possuem o maior comprimento de onda, compreendido na ordem de cem metros. Isso é muito útil, pois, com seu grande comprimento, elas conseguem contornar grandes objetos, como casas, prédios e até montanhas. Além da radiodifusão, são muito utilizadas na transmissão do sinal de TV, telefonia, GPS e radares; e, como qualquer tipo de radiação eletromagnética, elas podem se propagar no vácuo e à velocidade de luz.

As ondas de rádio são produzidas por meio da aceleração de cargas elétricas. No caso das produções artificiais para radiodifusão, elas ocorrem no interior de antenas transmissoras. Nas transmissões de rádio, as ondas sonoras produzidas pela voz humana ou por qualquer outra fonte são captadas por um microfone que as transformam em corrente elétrica. Essa corrente é levada até a antena, fazendo oscilar cargas elétricas por sua extensão. Isso resulta em uma onda eletromagnética que contém a informação da onda sonora original, denominada "onda de áudio", que, por sua vez, é combinada à onda portadora que será transmitida pela antena da estação de rádio. Posteriormente são captadas pela antena do aparelho de rádio do ouvinte que as converte em uma corrente elétrica variável. Essa corrente provoca oscilações no diafragma dos alto-falantes, convertendo as ondas em vibrações mecânicas, que são as ondas sonoras[67].

No Brasil, a frequência das estações de rádio FM começa em 88,1 MHz e vai até a faixa de 108 MHz. A frequência de cada estação é separada da outra por pelo menos 200 kHz. Na frequência AM, o dial vai de 520 kHz a 1.610 kHz, com intervalos de pelo menos 10 kHz na frequência de cada emissora.

- Ondas de rádio AM: variam de 520 kHz até 1,7 kHz;

- Ondas curtas de rádio: variam de 5,9 MHz até 26,1 MHz;

- Faixa de radiocidadão (CB): variam de 26,96 MHz até 27,41 MHz;

---

[67] A maneira que as ondas sonoras são produzidas e propagadas por certo meio foi abordada no tópico *As palmadas sônicas*, no capítulo destinado ao Incrível Hulk em *A Física e os super-heróis Vol. 2.*

> - Estações de televisão: variam de 54 MHz até 88 MHz (até canal 6) e de 174 MHz até 220 MHz (do canal 7 ao 13);
> - Ondas de rádio FM - variam de 88 MHz até 108 MHz.

Para Chapolin utilizar seu par de anteninhas de vinil para comunicar-se por ondas de rádio, uma antena deve ser a emissora das ondas eletromagnéticas e outra deve servir como a receptora. Cada uma deveria ter as partes mecânicas necessárias. Uma para fazer a recepção e a conversão da onda mecânica em eletromagnética, e a outra para fazer o oposto, a recepção e a transformação das ondas eletromagnéticas em ondas sonoras. Algo significativo é que as antenas teriam que ser constituídas de um material que conduzisse a eletricidade, o que não poderia ser o vinil. Essa substância é uma espécie de plástico, classificado como isolantes em relação à condução da corrente elétrica. O ideal seria que o material das antenas fosse algum metal, pois conduz melhor as cargas elétricas. As antenas dos aparelhos de rádio são feitas de alumínio, sendo a prata um dos melhores condutores encontrados na natureza. Se considerarmos também os materiais produzidos por nosso conhecimento tecnológico, o grafeno é o melhor condutor que se tem à disposição. Constituído por uma camada extremamente fina de grafite, é formado por átomos de carbono organizados em estruturas hexagonais que facilitam a movimentação dos elétrons. Essa característica faz dele um excelente condutor de eletricidade. Como as antenas do Chapolin conseguem captar sinais de rádio vindo do espaço, elas deveriam ser feitas com os melhores materiais condutores, e o grafeno seria o mais apropriado.

Antigamente era muito comum as pessoas colocarem palha de aço nas extremidades das antenas de rádio e TV com a finalidade de melhorar a recepção do som e da imagem dos sinais analógicos. Quando a antena desses aparelhos não estava perfeitamente alinhada com as antenas emissoras do sinal, a qualidade do som e da imagem realmente melhorava. Como o aço é um metal, logo um bom condutor de cargas elétricas, a palha metálica amplia a capacidade de captar os sinais. Nas antenas do Chapolin, um fofo pompom de lã de algodão em suas pontas não pode melhorar a captação das ondas de rádio; a não ser que sejam feitos de lã de aço, assim ampliariam a recepção de informações recebidas do ambiente, melhorando o desempenho das anteninhas.

Figura 5.1 – Os pompons nas pontas das "anteninhas de vinil" melhorariam a recepção das ondas rádio quando fossem usadas para comunicação. Para isso, elas deveriam ser de metal; e, quanto maiores os pompons, melhor a recepção.

Fonte: Letícia Machado

5.3 As pílulas de nanicolina

Ao tomar as Pastilhas Encolhedoras, também chamadas de Pílulas de Nanicolina ou Pílulas de Polegarina, Chapolin "consegue ficar ainda menor do que já é". Ele reduz seu tamanho para algo em torno dos 20 centímetros ou menos. Em alguns episódios da série, o herói encolhe a ponto de ficar menor que um rato. E não é apenas o Polegar Vermelho que fica diminuto, de algum modo não explicado, ele consegue estender o poder encolhedor das pastilhas para outros objetos, como suas roupas e a poderosa Marreta Biônica. Já foi discutido sobre as consequências que essa redução nas dimensões dos super-heróis, assim como o retorno ao seu tamanho natural, pode trazer para seus corpos[68].

Um dos super-heróis que também consegue diminuir suas dimensões é o Homem-Formiga. Ao utilizar um traje regulador das partículas Pym, responsáveis por variar o tamanho e massa de objetos e seres vivos, ele pode atingir desde dimensões atômicas até ficar do tamanho de prédios. Pelo enredo das histórias em quadrinhos, as partículas Pym deslocam parte da matéria de seus usuários para a dimensão Kosmos, possibilitando seu encolhimento. Nos filmes do universo Marvel, a explicação dada é a de que as partículas conseguem diminuir a distância entre os átomos compactan-

---

[68] Esse assunto ocupa a maior parte das discussões no capítulo destinado ao Homem-Formiga e está presente nos tópicos "Lei do quadrado e do cubo e o infortúnio de ser um gigante" e "De onde vem sua massa", no capítulo destinado ao Hulk. Ambos fazem parte do livro em *A Física e os super-heróis Vol. 2*.

do-os em um volume menor. Aqui um dos percalços seria a manutenção da mesma massa em um corpo com suas dimensões reduzidas. No caso do Chapolin, não se traz à discussão a possível alteração de seu peso ao ficar diminuto, pois o próprio já respondeu essa questão. No episódio "Ratos e Ratoeiras", o Vermelhinho afirma que seu peso também reduz com a redução de seu tamanho. Nesse caso, fica-se sem a explicação sobre para onde iria sua massa ao encolher e como ela retornaria para seu corpo ao voltar a seu tamanho normal.

5.4 Teletransportando-se no espaço e no tempo

Sempre que alguém está em perigo e recita a frase "Oh e agora, quem poderá me ajudar?", Chapolin aparece para assisti-los. Não importa em qual local do planeta estejam ou, até mesmo, em que época da história, o herói estará por lá para socorrê-los. Para estar presente instantaneamente em qualquer local, é aceitável que Chapolin tenha a capacidade de teletransportar-se. Como vivencia aventuras em outras eras, como a Medieval, seu teleporte ocorre não apenas no espaço, mas também no tempo. Isso lhe dá o poder de estar presente nos mais diversos períodos históricos, nos quais já enfrentou piratas, múmias e bruxas. O herói também se teletransporta para potencializar seus golpes e derrotar um oponente. Em uma luta, Chapolin pode desaparecer, para se esquivar de um golpe dado por um adversário, e reaparecer em outro local próximo ao oponente para aplicá-lo um contragolpe inesperado. Seu teletransporte, associado aos golpes da marreta biônica, torna-lhe praticamente invencível.

O teletransporte é o deslocamento de um corpo de um local ao outro, por um breve período de tempo, sem a necessidade da locomoção pelo espaço intermediário entre esses dois pontos. Quando se fala em teletransportar a matéria, duas possibilidades são mais discutidas. Uma é o teletransporte pela desintegração, em que um objeto tem sua estrutura física dissolvida em seu local de origem, convertido em uma espécie de feixe de energia e reconstruída em seu local de destino. Essa técnica é muito utilizada na ficção científica, como nas memoráveis cenas em *Jornada nas Estrelas* (*Star Trek*). Porém, tamanha sua complexidade é impossível de ser realizada pela limitação do conhecimento tecnológico e, até mesmo teórico, de que dispomos. Nesse tipo de teleporte, não é a matéria que é movida, mas sim a informação necessária para sua reconstrução. Nele toda a matéria seria decomposta no local da realização do teleporte para em seguida ter seus átomos constituintes recriados, para formá-la no local de destino. Um dos maiores entraves para essa técnica é a complexidade de informações que os organismos carregam, assim como toda uma dinâmica interna. No caso dos seres humanos, não bastaria reconstruir os membros, tecidos, órgãos ou qualquer outra coisa cuja informação está em nosso DNA. Seria preciso, também, reconstruir os incontáveis micro-organismos que estão presentes no interior de nosso corpo auxiliando no funcionamento e em sua proteção. Para dar com uma quantidade absurda de informações, seria preciso uma nova geração de computadores capazes de armazenar uma base de dados inimaginável. Além disso, esses computadores deveriam ter uma capacidade de processamento extremamente rápida, criteriosa e infalível, para que não correr o risco de recriar um organismo com algum tipo de defeito em relação ao original.

Outra possibilidade de teleporte seria por meio de dimensões no espaço. Sendo ainda mais restrita ao campo da ficção científica, tem pouca atenção por parte de pesquisadores. Nesse tipo de teletransporte, a pessoa entraria numa espécie de "portal dimensional" criado no espaço e sairia, quase instantaneamente, por outra fenda espacial em outro ponto do espaço. Para que Chapolin pudesse explorar tais portais, necessitaria de algum dispositivo que lhe desse a capacidade de manipulá-los. Essas duas possibilidades de teletransporte estão muito longe de se tornar realidade, tamanho os conhecimentos científicos e tecnológicos necessários para realizá-los e dos quais não se dispõe.

A ciência já conseguiu realizar um tipo de teletransporte por meio de uma técnica chamada de entrelaçamento quântico, que está mais para um transporte de informações, e não de matéria. Apelidada por Einstein de "ação fantasmagórica à distância", o entrelaçamento é baseado numa ideia da mecânica quântica. Segundo ela, se duas partículas subatômicas são geradas juntas, elas podem trocar informações entre si de forma instantânea, mesmo estando a milhares de quilômetros de distância. Imagine que uma dessas duas partículas está localizada em um laboratório aqui na Terra, e a outra é levada para os confins do Sistema Solar. O que será feito no laboratório com uma delas, será sentido quase instantaneamente pela outra, que responderá a essa ação, como se ambas fossem apenas uma partícula. Essa conexão garantiria uma interação remota entre elas. Se alterássemos algo em uma delas, essa informação seria transportada para outra que, quase no mesmo instante, apresentaria a mesma característica da que foi modificada.

Ao contrário do teletransporte de pessoas que ocorre na ficção científica, o teletransporte de informação, por meio de entrelaçamento quântico, está sendo estudado para viabilizar a construção de computadores quânticos. Esses poderiam processar informações numa velocidade milhares de vezes maiores que os computadores atuais e quem sabe, um dia, viabilizar o teletransporte baseado na desintegração e reconstrução dos corpos. Em suas aventuras, Chapolin já esteve presente em eras antigas da história e até mesmo no planeta Vênus. Não saberia a forma encontrada pelo Polegar Vermelho para realizar seu teleporte no espaço, como ir para outros planetas. Algo ainda mais improvável que isso seria o teletransporte no tempo[69], esse sim inimaginável até mesmo para os mais entusiasmados com os rumos que se pode ter com o indelével avanço científico.

Figura 5.2 – Chapolin pode dominar alguma técnica desconhecida para se teletransportar no tempo e no espaço

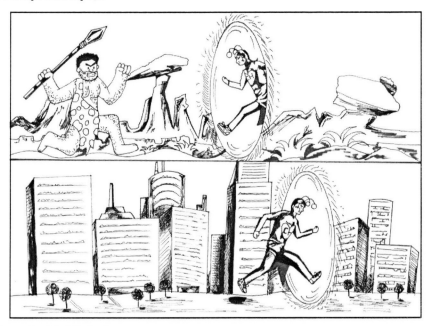

Fonte: Letícia Machado

---

[69] Algumas das dificuldades encontradas para a realização da viagem temporal foram tratadas no tópico "Ponte aérea Krypton–Terra", no capítulo destinado ao Superman.

5.5 A corneta paralisadora

A Corneta Paralisadora é, talvez, uma das armas mais poderosas que um super-herói poderá ter ao seu dispor. Para utilizá-la, Chapolin toca a buzina uma vez, deixando a pessoa completamente paralisada e à mercê das peripécias do herói colorido. A corneta também pode cessar o movimento de um objeto em queda fazendo com que fique inerte em pleno ar, sabotando a gravidade terrestre. A impressão que temos, a princípio, é a de que a corneta pode paralisar o tempo, um poder que deixaria seu portador praticamente invencível. Será pontuado algumas consequências caso a passagem do tempo fosse suspensa e a Física permitisse, de alguma maneira, essa possibilidade.

O movimento é a norma de todos os corpos que constituem o Universo, mesmo naqueles que "aparentemente" possam estar em repouso. Isso porque suas partes constituintes, como moléculas ou átomos, encontram-se em estado vibracional associado à sua temperatura ou a quantidade de energia que possuem. Parar o tempo talvez fosse o maior poder que um herói poderia ter. Se ele cessasse o transcorrer de tempo, tudo o que existisse, tanto em escala macro quanto microscópica, ficaria completamente congelado no tempo. Tente imaginar o que aconteceria se todas as moléculas dos gases que constituem a atmosfera terrestre parassem de se movimentar e ficassem fixas no espaço. A princípio, todos os seres que respiram morreriam asfixiados, já que as moléculas de ar que se respira não chegariam até as narinas. Se Chapolin, ou alguém, de algum modo sobrevivesse a isso, movimentar-se poderia ser um contratempo, porque os movimentos ficariam limitados com as moléculas que constituem o ar fixas em volta do corpo. Além disso, sem a vibração das moléculas, o Universo seria completamente diferente do que se tem hoje, e a Terra seria uma imensa bola de gelo vagando na escuridão. Ao cessar o estado vibracional dos átomos, a temperatura dos corpos seria baixíssima. Quando falo baixa, quero dizer a mais baixa possível, de zero grau absoluto, o chamado zero Kelvin, que corresponde a 273^0C negativos. Para se ter uma ideia, uma das menores temperaturas já mensuradas na Terra foi de 89,2 graus Celsius negativos na estação Vostok, uma base de pesquisa russa na Antártida. O som é propagado pela vibração das moléculas[70], sem elas estaríamos mergulhados no mais completo silêncio, a única coisa que

---

[70] O som é a energia se propagando em um determinado meio por intermédio da colisão entre suas moléculas constituintes, foi abordado no tópico "Palmadas sônicas", no capítulo destinado ao Incrível Hulk em *A Física e os super-heróis Vol. 2.*

se escutaria seriam os pensamentos. Porém, isso apenas numa hipótese, já que estaríamos completamente congelados e sem vida.

Como o movimento dos raios de luz também seria paralisado, a Terra estaria imersa em uma verdadeira escuridão, pois os raios de Sol não chegariam até o planeta. Na verdade, a estrela não estaria produzindo seu brilho, já que o processo de fusão nuclear de seus elementos constituintes seria cessado com a paralisação das moléculas de seus gases; nem adiantaria o uso de qualquer outra fonte secundária de luz. Mesmo se alguém estivesse vivo não enxergaria um milímetro defronte seus olhos, pois a luz não chegaria até ele. Se alguém ou alguma coisa pudesse parar o tempo, seria extremamente poderoso, pois a energia desprendida para cessar o movimento de todo o Universo, mesmo momentaneamente, seria enorme.

Agora que já foram vistas algumas consequências caso o tempo parasse de fluir, será que existe a possibilidade de um dia isso ocorrer? Na física clássica, a definição do tempo foi trabalhada por Isaac Newton (1642-1727). Em seu livro *Principia: princípios matemáticos de filosofia natural*, o físico inglês definiu o tempo como uma flecha de acontecimentos que flui uniformemente sempre do passado em direção ao futuro, regendo os acontecimentos no Universo. O tempo também foi proposto por ele como algo absoluto, que não tem influência, ou qualquer relação, com coisas externas, além de ser independente do observador. Por essa noção do conceito de um tempo incondicional interposto pela física clássica, ele é algo que não se pode manipular, mantendo sempre seu transcorrer de forma invariável. Desse modo, para a mecânica clássica, o tempo é uma sequência uniforme de acontecimentos, nunca se poderia alterar sua fluidez.

A Teoria da Relatividade Especial, proposta por Albert Einstein (1879-1955) em 1905, trouxe um conceito divergente para o tempo. Para o físico alemão, o tempo pode transcorrer de diferentes formas, dependendo do referencial adotado para realizar sua medida. A passagem do tempo pode ser mensurada com relógio por um observador. Como esses estão sempre se deslocando no espaço a depender de um referencial, o tempo acaba emaranhado ao espeço, criando um conceito mais amplo denominado espaço-tempo[71]. A Teoria da Relatividade alterou a visão de tempo como algo que flui de forma regular, portanto invariável. A interpretação de um tempo uniforme dado pela física clássica foi substituída por um tempo que

---

[71] A Teoria da Relatividade apresenta um Universo quadridimensional, em que o tempo incorpora-se ao espaço tridimensional, dividido em comprimento, largura e altura, em um sistema de coordenadas mais amplo chamado de "espaço-tempo". Para saber mais, veja o tópico "Ponte aérea Kripton–Terra" no capítulo destinado ao Superman.

pode transcorrer de forma diversa, dependendo da velocidade com que se move no espaço em relação a um referencial[72]. Essa intrínseca relação entre o tempo e a velocidade é dada de maneira inversa. Quanto maior for à velocidade em relação a um referencial estático, mais lenta será a passagem do tempo para um observador em movimento quando registrada por um observar externo e estático neste referencial. Contudo, essa divergência só é perceptível para o observador externo ao evento e quando o movimento é realizado em velocidades próximas à da luz, incomum nos acontecimentos do cotidiano. Para o observador em movimento, o "seu tempo" transcorre de forma habitual. Esse fenômeno, chamado de dilatação do tempo, já teve sua comprovação experimental[73].

A dilatação do tempo também pode ser evidenciada por um fenômeno que ocorre por um tipo de partícula subatômica chamada de múon. Os múons se formam a partir da interação de raios cósmicos vindos do Sol com as moléculas de gases presentes na atmosfera. A maior parte dos múons é criada a cerca de 15 km de altitude, em relação ao nível do mar, e viaja a uma velocidade de 0,9998c (c = velocidade da luz no vácuo). O tempo médio de vida dessas partículas é de 2,2 μs (microssegundos). Um microssegundo (1 μs) é 1 milhão de vezes menor que 1 segundo, assim se diz que o tempo de vida dos múons é de $2,2.10^{-6}$ segundo. Após esse tempo, os múons se transformam em outras partículas mediante reações que ocorrem em seu núcleo, processo chamado de decaimento.

Pode-se calcular o tempo que os múons levam para atingir a superfície da Terra desde o instante em que são criados. Supondo que sua velocidade seja constante, utiliza-se a equação que relaciona a velocidade de um corpo à distância percorrida e o tempo para realizar esse deslocamento (Quadro 5.1). Quem não tem interesse pelos cálculos matemáticos pode pular os quadros em que são desenvolvidos, pois será apresentado um resumo dos resultados alcançados posteriormente.

---

[72] A Teoria da Relatividade demonstrou que o tempo não é absoluto, mas transcorre mais lentamente para um referencial que esteja em movimento; quanto maior for sua velocidade, o tempo fluirá de forma cada vez mais lenta. A Relatividade também mostra que a gravidade altera a passagem do tempo, que fluirá mais lento para relógios que estejam sob a influência de campos gravitacionais de maior intensidade. Para saber mais, veja o tópico "Ponte aérea Kripton–Terra", no capítulo destinado ao Superman.

[73] A dilatação temporal e sua comprovação experimental são abordadas nos tópicos "Ponte aérea Kripton–Terra", no capítulo destinado ao Superman, e "A dilatação do tempo", no capítulo destinado ao Flash. Para um entendimento completo, indico a leitura de ambos.

A FÍSICA E OS SUPER-HERÓIS

Quadro 5.1

Para um corpo em movimento uniforme, sua velocidade é dada por:

$$v = \frac{d}{t} \qquad (1)$$

Os múons deslocam-se com uma velocidade de 0,9998.c, em que c representa a velocidade da luz na vácuo. Como c = 3.10^8, tem-se:

$$v = 0,9998 \times 3.10^8 = 2,9994.10^8 \ m/s$$

Determinando o tempo transcorrido para que os múons percorram os 15 km de altitude:

$$d = 15 \ km = 15.10^3 \ m$$

Fazendo as substituições, tem-se:

$$2,9994.10^8 = \frac{15.10^3}{t}$$

$$t = \frac{15.10^3}{2,9994.10^8}$$

$$t = 5.10^{-5} \ s \ ou \ 50\mu s$$

Os múon levam cerca de 50 μs (microssegundo) para percorrer os 15 km de altitude de onde são criados e atingir a superfície da Terra, onde são detectados. Porém, se o tempo de vida dessas partículas é de apenas 2,2 μs, como elas poderiam durar os 50 μs necessários para atingir a superfície da Terra? Movendo-se com velocidade próxima à da luz os múons sofrerão os efeitos da dilatação do tempo. Enquanto para essas partículas se passaram 2,2 μs; para um referencial fixo localizado na Terra, como o laboratório que realiza essas medições, passaram-se 50 μs. Assim, para o múon, o tempo transcorre mais devagar a partir de nosso referencial.

A Teoria da Relatividade prevê que, além da velocidade, a gravidade pode alterar o tempo, fenômeno chamado de dilatação gravitacional do tempo. Nesse caso, o tempo medido por relógios na presença de um intenso campo gravitacional fluiria de forma mais lenta, de acordo com um observador externo à influência do campo. O efeito da gravidade sobre a passagem do tempo já foi comprovado experimentalmente utilizando relógios atômicos em aviões. Relógios desse tipo foram colocados a bordo de aeronaves e sincronizados com relógios do mesmo tipo de observadores em repouso aqui na Terra. Quando os aviões retornaram à superfície, ficou constatado que os relógios a bordo deles estavam levemente adiantados, quando comparados aos que ficaram na Terra. Na superfície da Terra, onde a gravidade é maior, o tempo fluiu mais lento, em comparação a grandes altitudes em que a intensidade do campo gravitacional é menor[74]. Contudo, esses efeitos são detectados de forma significativa apenas sob campos gravitacionais de grande intensidade, como de buracos negros e supernovas. O fenômeno da dilatação do tempo, ocasionado tanto pelas altíssimas velocidades quanto pela gravidade, não é necessariamente uma maneira de fazer o tempo fluir mais devagar ou, até mesmo, fazê-lo parar. Cada relógio registrará normalmente a passagem do tempo dentro de seu referencial. Desse modo, é praticamente impossível fazer o tempo parar de fluir como um todo também para a física moderna.

Ao que parece, a Corneta Paralisadora não está em desagravo com as leis da Física, pois, aparentemente, ela não faz o tempo parar. Ao utilizá-la, Chapolin a direciona para a pessoa que deseja paralisar, toca a buzina uma vez e apenas seu alvo fica paralisado, com tudo ao seu redor movendo-se normalmente. A corneta deve emitir algo que, ao atingir o alvo, enrijeça seus músculos deixando-o completamente paralisado e sem consciência do que está ocorrendo no momento. Ao apontar novamente a corneta para o alvo e tocá-la duas vezes, esse volta a se mover. Mesmo sem conseguir parar o tempo, essa é uma das armas mais poderosas que um super-herói poderia possuir. Chapolin consegue congelar seu oponente e fazer o que quiser ao desafortunado. Durante o tempo em que está congelado, o oponente perde completamente a consciência do presente. A corneta o coloca em um estado inanimado, no qual permanece até que o herói a toque novamente.

5.6 A corneta paralisadora e a teoria das cordas

A eficiente corneta do Chapolin não serve apenas para deixar pessoas imóveis, também pode encerrar o movimento de queda de corpos, deixando-os parados em pleno ar. Seu efeito não é limitado a objetos caindo, atinge qualquer corpo que esteja indo a seu encontro. A elucidação dada no

---

[74] Esse experimento é abordado no tópico "Ponte aérea Kripton–Terra", no capítulo destinado ao Superman.

tópico anterior, de que a corneta emita algo que enrijeça os músculos das pessoas, não cabe nesse contexto. Além disso, é mais fácil tentar encontrar uma explicação de como a Corneta Paralisadora pode interromper a queda de algo, deixando-os suspensos ao ar, do que encontrar uma teoria de como ela poderia parar um objeto que esteja vindo lateralmente ao encontro de Chapolin. Podemos trabalhar com duas hipóteses, a Corneta poderia anular a força gravitacional que a Terra aplica sobre os corpos ou evitar que a gravidade terrestre o atingisse. Como a gravidade é a responsável por manter os corpos no chão ou puxá-los em direção a ele, tem-se que pensar nela como uma força muitíssimo intensa. Ao contrário disso, das quatro forças conhecidas na natureza (as outras três são a força eletromagnética, a nuclear fraca e a nuclear forte), a gravitacional é a mais fraca, sendo praticamente inexpressiva na interação entre as partículas subatômicas. Quando comparada à força eletromagnética, ela é 10^{40} vezes menor.

Para anular a força que a gravidade exerce sobre um corpo, basta aplicar sobre ele outra força com pelo menos a mesma intensidade, porém oposta. É o que fazem os planadores e as aves com suas asas, helicópteros com suas hélices, foguetes com seu sistema de propulsão[75], os balões valendo-se do empuxo[76], ou a força magnética nos trens sobre trilhos[77]. Em relação à corneta, não a vemos interagindo diretamente com o corpo em queda, como lhe dando asas ou aplicado sobre ele qualquer tipo de força oposta à gravidade para anulá-la. Assim, é mais provável que ela impeça que a força gravitacional atue sobre o corpo, desviando-a para que não lhe atinja. A ideia pode até parecer absurda, mas tem fundamento na física quântica.

A teoria quântica já comprovou que das quatro forças da natureza, três são transmitidas por partículas elementares: a força eletromagnética pelo fóton, a força nuclear forte pelo glúon e a força nuclear fraca pelo bóson. Os cientistas acreditam que, assim como essas, a força gravitacional é transportada por uma partícula elementar, os *grávitons*. Ao contrário das outras três, os grávitons ainda não foram detectados, e isso é muito difícil de ocorrer. Como já mencionado, a força de interação gravitacional é muito fraca se comparada com as demais. Como a força gravitacional é

---

[75] Os princípios físicos que possibilitam o voo das aeronaves são tratados nos tópicos "A capacidade de voar", no capítulo destinado ao Superman, e "A física do voo" no capítulo destinado ao Batman, em *A Física e os super-heróis Vol. 2*.

[76] Sobre o empuxo, veja o tópico "Correr sobre as águas" integrante do capítulo destinado ao Flash.

[77] Sobre a levitação magnética, veja o tópico "O poder da levitação" no capítulo destinado ao Magneto, em *A Física e os super-heróis Vol. 2*.

proporcional à massa, ela é bem intensa em escala macro, como quando é exercida entre planeta, estrelas ou buracos negros. Em corpos de dimensões de nosso cotidiano, ela se torna pouco intensa, podendo ser vencida facilmente. Isso pode ser constatado colocando um pequeno imã sobre um determinado metal, como pregos ou clipes de prender papel, que entrarão em movimento contrário ao campo gravitacional e subirão ao encontro do ímã. É a força magnética de um pequeno ímã vencendo a gravidade de todo o planeta Terra. Se reduzirmos ainda mais sua escala de atuação, como ao mundo subatômico, a intensidade da atração gravitacional é quase desprezível. Com isso, se os grávitons realmente existirem, são igualmente fracos, dificultando interações ao nível atômico, assim como suas detecções, que poderiam levar à sua comprovação.

Isaac Newton descreveu a gravidade como uma força de atração causada pela massa dos corpos. A Terra orbita o Sol por conta da existência de uma força mútua entre ambos. No entanto, se o Sol de repente desaparecesse, a Terra instantaneamente deixaria sua órbita, pois sua força atrativa deixaria de existir. Para essa ação ser imediata, a força gravitacional deveria viajar a uma velocidade muito superior à da luz. Apenas como comparação, a luz emitida pelo Sol leva cerca de oito minutos para chegar até a Terra. Para Einstein a velocidade da luz seria o limite do Universo, nada poderia viajar mais rápido que ela. Por isso, ele trabalhava para encontrar uma solução para ação instantânea da gravidade, mesmo entre corpos separados por grandes distâncias, como entre o Sol e a Terra. A partir de 1905, Einstein começou a apresentar ao mundo sua Teoria da Relatividade. Ela ampliou a noção de um espaço tridimensional dividido em comprimento, largura e altura, para vivência em um Universo tetradimensional em que o tempo foi incorporado às dimensões espaciais. Esse sistema de coordenadas em que o tempo é integrante da dimensão espacial é chamado de espaço-tempo, o qual é representado por Einstein como uma espécie de tecido elástico que permeia todo o Universo. Se colocarmos um corpo qualquer sobre um tecido elástico esticado, esse vai afundar por conta do peso do copo; quanto maior for a massa, maior será a distensão. É exatamente isso que ocorre com os corpos celestes, eles aprofundam o tecido do espaço-tempo em seu entorno; e, quanto mais massa tiver, maior será a deformação e mais eles afundarão o espaço-tempo com esse corpo bem no centro da deformação. Quando se observa um corpo celeste orbitando ao outro, na verdade se observa a trajetória criada pela distorção do espaço-tempo causado por ambas as massas. Nesse conceito, a gravidade deixa de ser uma força que se propaga ao longo do espaço, passando a ser o formato do espaço-tempo na presença de um corpo que dirá como os outros corpos se comportarão ao seu redor. Se um corpo estiver se movendo por essa deformação no espaço-tempo, ele tenderá a ir ao encontro da massa que está no centro e que provocou essa deformação, eis aí a gravidade segundo Einstein.

O problema é que existe uma incompatibilidade entre as duas principais teorias que descrevem o Universo: A Relatividade Geral, que se aplica ao universo macro como estrelas e buracos-negros, e a Mecânica Quântica que descreve o universo subatômico. Cada uma consegue descrever os fenômenos e explicá-los muito bem ao seu contexto, mas fracassam ao serem aplicadas uma ao universo da outra. A física quântica consegue descrever perfeitamente as forças eletromagnéticas, nuclear forte e fraca, mas não a gravidade, que é tão bem descrita pela relatividade. Desde Albert Einstein, a ciência vem buscando, sem sucesso, uma teoria que unifique a Relatividade e a Teoria Quântica e que possa ser aplicada em ambas as realidades. Einstein inclusive passou seus últimos anos de vida buscando o que passou a ser chamado de Teoria de Tudo, uma única formulação matemática que descreveria as realidades do universo macro e micro. A teoria mais cotada para cumprir esse papel é a chamada Teoria das Cordas[78], proposta, pela primeira vez, na década de 1960 e que já teve algumas variantes como a Teoria das Supercordas e a Teoria M.

Basicamente essa teoria afirma que as unidades fundamentais da natureza são cordas de energias vibrantes constituintes de toda a matéria, e suas diferentes frequências de vibração descreveriam os diversos tipos de partículas elementares a que dão origem. Essas cordas de energia seriam fechadas (como laço elástico de prender cabelo) e de dimensões na ordem de um comprimento de Planck[79] (10^{-35} m). Todas as partículas consideradas elementares, como os *quarks*, seriam formadas por filamentos dessas cordas vibrantes. A teoria das cordas também ampliou nossa visão de um Universo de três dimensões espaciais para dez dimensões espaciais e mais a dimensão do tempo. Acreditando que a gravidade é uma força de interação, segundo ela, a gravidade é pouco intensa, pois, dentre as quatro forças fundamentais, é a única que pode ser onipresente entre essas dimensões e

---

[78] Sobre a Teoria das Cordas veja o tópico "Tão pequeno quanto às elementares cordas de energia vibracionais", no capítulo destinado ao Homem-Formiga em *A Física e os super-heróis Vol. 2*.

[79] A escala Planck impõe um valor para algumas grandezas físicas que representariam um limite de mensuração a cada um. Para saber mais sobre a escala Planck e seu significado para a Física, recomendo altamente a leitura do tópico "Tão pequeno quanto às elementares cordas de energia vibracionais", do capítulo destinado ao Homem-Formiga em *A Física e os super-heróis Vol. 2*.

tem sua intensidade diluída entre elas. Entre as partículas a que essas cordas de energia que vibram em 11 dimensões dão origem, estaria o gráviton, a partícula que transmite a gravidade entre os corpos. É aqui que pode entrar o poder da Corneta Paralisadora ao deixar congelados em pleno ar objetos que estavam em queda. De algum modo, a corneta poderia defletir os grávitons que estão sendo direcionados ao objeto em queda fazendo com que essas partículas o contornassem. Sem ser atingido pelos grávitons, o objeto estaria livre da ação da gravidade, passando a flutuar. É claro que ele não ficaria perfeitamente paralisado, pois ainda estaria sob a ação de outras forças, como as exercidas pelas correntes de ar. Outra possibilidade seria a corneta anular a gravidade no espaço em torno do objeto, desviando-a para algumas das outras dimensões existentes de acordo com a teoria das cordas, assim o objeto ficaria paralisado. Pode-se concluir que a Corneta Paralisadora confere ao seu portador um poder descomunal, podendo deixá-lo invencível. Se caísse em mãos erradas, poderia ser trágico. Torçamos para que ela sempre continue nas mãos atrapalhadas de Chapolin, assim nos sentiremos mais seguros.

REFERÊNCIAS

ABDALLA, E. Teoria quântica da gravitação: cordas e teoria m. *Revista Brasileira de Ensino de Física*, [S. l.], v. 27, n. 1, p. 147-155, 2005.

ALMEIDA, H. *Padre Landell de Moura*: um herói sem glória. São Paulo: Record, 2006.

ASSIS, A. K. T. *Mecânica Relacional*. Montreal: Appeiron, 2014.

BARROS, W. K. P. *Uso de metamateriais com defeitos assimétricos na manipulação de luz*. 2020. Dissertação (Mestrado em Engenharia dos Sistemas) – Universidade de Pernambuco, Recife, 2020.

BRYAN, M.; FOSTER, J.; STONE, A. Doing whatever a spider can. *Journal of Physics Special Topics*, [S. l.], 31 out. 2012. Disponível em: https://journals.le.ac.uk/ojs1/index.php/pst/article/view/2070/1973?acceptCookies=1. Acesso em: 7 fev. 2023.

CIENTISTAS estão mais perto de 'capa da invisibilidade'. *BBC Brasil*, [S. l., 2008]. Disponível em: https://www.bbc.com/portuguese/reporterbbc/story/2008/08/080811_invisibilidade_ba. Acesso em: 28 fev. 2023.

COMO é Ícaro, a estrela mais distante já fotografada. *BBC Brasil*, 2018. Disponível em: https://www.bbc.com/portuguese/geral-43642755. Acesso em: 28 jan. 2023.

FANTASTIC Four. Direção: Tim Story. Estados Unidos: 20th Century Fox, 2005. 1 DVD (126 min).

FAUTH, A. S.; GROVER, A. C.; CONSALTER, D. M. Medida da vida média do múon. *Revista Brasileira de Ensino de Física*, [S. l.], v. 32, n. 4, p. 4.502, 2010.

GASPAR, A. *Compreendendo a física - Volume 3*. 2. ed. São Paulo: Ática, 2017.

GREEM, B. *O universo elegante*: supercordas, dimensões ocultas e a busca da teoria definitiva. São Paulo: Cia das Letras, 2011.

GUIMARAES, O.; PIQUEIRA, J. R.; CARRON, W. *Física 3*. 2. ed. São Paulo: Ática, 2017.

HALLIDAY, D. *et al. Física*: Volume 1. Rio de Janeiro: Pearson, 2008.

HAWKING, S. *O Universo numa casca de noz*. 9. ed. São Paulo: ARX, 2002.

HOW thick should a spider silk thread be to stop a Boeing-747 in full flight?. *Ed Nieuwenhuys*, 2007. Disponível em: https://ednieuw.home.xs4all.nl/Spiders/Info/SilkBoeing.html. Acesso em: 7 fev. 2023.

LACQUANITI, F. Humans Running in Placeon Waterat Simulated Reduced Gravity. *PLoS ONE*, [*S. l.*], 18 jul. 2012. Disponível em: https://doi.org/10.1371/journal.pone.0037300. Acesso em: 2 fev. 2023.

MARTINS, R. G. Chapolin Colorado: o herói latino-americano. *Conteúdo Jurídico*, 2020. Disponível em: http://conteudojuridico.com.br/consulta/Artigos/54323/chapolin-colorado-o-heri-latino-americano. Acesso em: 21 fev. 2023.

MINETTI, A.E.; IVANENKO, Y.P.; CAPPELLINI, G.; DOMINICI, N.; LACQUA-NITI, F. Humans Running in PlaceonWateratSimulatedReducedGravity. *PLoS ONE*, 18 jul 2012. Disponível em: https://doi.org/10.1371/journal.pone.0037300. Acesso em 02 de fev. de 2023.

NEWTON, I. *Principia*: princípios matemáticos de filosofia natural - Vol. I. Tradução de Trieste Ricci *et al*. São Paulo: Nova Stella: Edusp, 1990.

OS SEGREDOS do "sentido aranha". *Revista Questão de Ciência*, 2019. Disponível em: https://www.revistaquestaodeciencia.com.br/questao-nerd/2019/01/21/os-sentidos-do-sentido-de-aranha. Acesso em: 6 fev. 2023.

PEDROSA, I. *Da cor à cor inexistente*. 3. ed. Ed. Brasília: UnB, 1982.

PEREIRA, L. C. C *Aranhas!* [*S. l.: s. n.*], 2009. Disponível em: https://edisciplinas.usp.br/pluginfile.php/3321294/mod_resource/content/1/Aranhas_correard.pdf. Acesso em: 7 fev. 2023.

PINHEIRO, F. A. Manto da invisibilidade: mais próximo da realidade. *Ciência Hoje*, [*S. l.*], v. 44, n. 260, p. 10-11, 2009.

PREDATOR. Direção: John McTiernan. Estados Unidos: Fox Home Entertainment, 1987. 1 DVD (107 min).

ROACH, J. Whether Jesus Christ walked on water is best left to biblical scholars – but scientists now know how so-called Jesus lizards manage the feat. *National Geographic*, 2004. Disponível em: https://www.nationalgeographic.com/animals/article/news-jesus-lizards-basilisks-walk-water. Acesso em: 2 fev. 2023.

ROVELLI, C. *A realidade não é o que parece*. Rio de Janeiro: Objetiva, 2017.

SANTOS, W. S.; SANTOS, A. C. F.; AGUIAR, C. E. Refração negativa: um estudo com geometria dinâmica. *In*: SIMPÓSIO NACIONAL DE ENSINO DE FÍSICA, 19., 2011, Manaus. *Anais...* Manaus, 2011.

SANTOS, W. S. *Uma aula sobre metamateriais para o Ensino Médio*. 2011. Material instrucional associado à dissertação (Mestrado em Ensino de Física) – Universidade Federal do Rio de Janeiro, Rio de Janeiro, 2011.

SHARP, N. The Basilisk Lizard. *FYFD*, 2016. Disponível em: https://fyfluiddynamics.com/2016/02/one-of-the-most-famous-water-walking-creatures-is/. Acesso em: 2 fev. 2023.

SPIDER-MAN. Direção: Sam Raimi. Estados Unidos: Sony Pictures, 2002. 1 DVD (121 min).

SPIDER-MAN 2. Direção: Sam Raimi. Estados Unidos: Sony Pictures, 2004. 1 DVD (127 min).

SPIDERS from Europe & Australia, calibration programs, word clocks. *Ed Nieuwenhuys*, 2023. Disponível em: https://ednieuw.home.xs4all.nl/. Acesso em: 7 fev. 2023.

SUPERMAN. Direção: Richard Donner. Estados Unidos: Warner Bros, 1978. 1 DVD (143 min).

THE AMAZING Spider-Man 2. Direção: Marc Webb. Estados Unidos: Sony Pictures, 2014. 1 DVD (141 min).

THE AMAZING Spider-Man. Direção: Marc Webb. Estados Unidos: Sony Pictures, 2012. 1 DVD (137 min).

WEILAND, C. A descaracterização de herói e a crítica em Chapolin colorado. *Relações Exteriores*, 2020. Disponível em: https://relacoesexteriores.com.br/a-descaracterizacao-de-heroi-e-a-critica-em-chapolin-colorado/. Acesso em: 22 fev. 2023.

WHY Spider-Man can't exist: Geckos are 'size limit' for sticking to walls. *University of Cambridge*, 2016. Disponível em: https://www.cam.ac.uk/research/news/why-spider-man-cant-exist-geckos-are-size-limit-for-sticking-to-walls. Acesso em: 6 fev. 2023.

YOUNG, H. D. *et al. Física I*: Mecânica. São Paulo: Addison-Wesley, 2016.